AF470236

LES CYNÉGÉTIQUES,

OU

TRAITÉ DE LA CHASSE.

Histoire naturelle ancienne, Ire partie.

Tome XIV de la collection in-18.

Cette édition a été imprimée sur deux formats
pour faire suite aux éditions de Buffon dirigées par
Lacépede et Castel, et imprimées par Déterville et
Saugrain.

Papier ordinaire, avec une figure, . . 2 f.
Grand papier ordinaire, ... 2 f. 25 c.
Papier carré vélin, ... 3 f.
Grand raisin vélin, ... 3 f. 50 c.

TRAITÉ
DE LA CHASSE
DE XÉNOPHON,

TRADUIT EN FRANÇOIS,

D'après deux manuscrits collationnés pour la première fois, et accompagné de notes critiques et de dissertations sur le pardalis, le panther, et autres animaux;

Faisant suite aux éditions de Buffon imprimées par Déterville et Saugrain,

Par J. B. GAIL,

PROFESSEUR DE LITTÉRATURE GRECQUE AU COLLEGE DE FRANCE.

———

A PARIS,

Chez l'Auteur, au College de France, Place Cambrai,
DÉTERVILLE, libraire, rue du Battoir,
PLASSANT, rue du Cimetiere Saint-André-des-Arcs.

AN IX. (1801.)

à peu de distance du temple du Jupiter Olympien, et près de la statue même de Diane. Les pays que je viens de nommer ne sont pas de la domination athénienne : Xénophon étoit exilé, et c'est une ressemblance que le naturaliste Oppien, autre panégyriste de la chasse, a eue avec lui.

A la suite de détails curieux sur les filets et les divers instruments du chasseur, notre auteur offre des descriptions anatomiques (1) remarquables par leur précision, d'excellentes observations sur la maniere de perpétuer les bonnes races, sur le choix des lices, sur l'éducation de la famille naissante et les travaux des chiens, sur les noms qu'il convient de leur donner pour les rappeler plus facilement et les remettre sur la voie. En les lisant on oubliera plus d'une fois l'écrivain didactique; on croira errer dans la solitude des forêts, dans les retraites paisibles des jardins de la nature. Ici j'apperçois un cerf à la taille élégante, aux rameaux su-

(1) Dans le volume suivant (le quinzieme de ma collection), que j'intitulerai volume des Mèlanges, on trouvera plusieurs dissertations relatives à cette matiere et à d'autres non moins intéressantes.

perbes ; les chasseurs et les chiens le poursuivent : *vieilli dans la feinte* (1), il emploie
ce qu'il a de ruses, il passe et repasse sur la
même voie, il s'éloigne, il redescend, il
croise sa route ; mais bientôt, épuisé de fatigue, il se présente à tous les javelots : là un
autre cerf rencontre un *podostrabe* (2) ; il y
tombe, il l'emporte avec lui : le bois du
piege lui blesse, lui ensanglante la figure ;
saisi d'effroi, il fuit la terre qui le trahit et
s'élance dans l'onde. Plus loin je vois un
jeune levreau traînant sur la terre ses membres encore tendres : en l'honneur de Diane
le chasseur laisse libre ce nouveau-né. Sa
piété va recevoir une juste récompense. Déja
ses chiens ont découvert un lievre qu'il est
glorieux de poursuivre. Ils en avertissent le

(1) Voyez la chasse du cerf dans *l'Homme des
champs* de mon illustre confrere Virgile-Delille.

(2) *Podostrabe* (de πόδας στρέφω), entrave,
piege où s'embarrassent les pieds du cerf poursuivi
par les chasseurs. Le nom de *podostrabe* désigne
aussi un instrument de chirurgie qui sert à remettre
les membres disloqués. Sur la définition du podostrabe, voy. Cynégétiques de Xénophon, p. 58, et
Pollux, V, 52.

chasseur par le mouvement de la tête et des yeux, par les changements de position du corps : leurs esprits exaltés, les transports de la joie, tout annonce qu'ils touchent au moment de la victoire.

Nous arrivons aux chapitres X et XI. La scene a changé. Il ne s'agit plus d'animaux innocents, foibles, timides ; c'est contre un sanglier, contre un redoutable lion, contre un féroce panther que vont se mesurer les chasseurs. Ils s'arment de haches, d'arcs, de javelots, d'épieux, de massues. Déja les filets sont tendus, les pieges préparés. L'artifice de la surprise, la vivacité de l'attaque, l'ardeur de la poursuite, tous les moyens d'inquiéter, de harceler, de forcer l'ennemi vont frapper nos regards. Ce qui amene Xénophon à cette conclusion, que la chasse est l'école agréable de la guerre, puisqu'on y apprend à manier les chevaux et les armes; puisque l'adresse, l'intelligence (1), la légèreté du corps, une bonne constitution, se prennent à la chasse et se portent à la guerre,

_____

(1) Porphyre (*de Abstinentia*, I, 14) fait la même remarque.

puisqu'elle donne un corps robuste, une ame forte, et le goût de la vertu (1).

Dans tous ses autres ouvrages Xénophon montre l'homme d'état; mais dans celui-ci, ainsi que dans son Hippiatrique, le meilleur en ce genre des écrits de l'antiquité, ne peut-on pas dire qu'il annonce de plus le naturaliste. Si ce nouveau titre de gloire lui appartient, on doit s'étonner qu'il ne lui ait point été déféré par le Pline des François; on doit s'étonner que Buffon appuie si souvent ses observations du témoignage d'Oppien (2), tandis qu'il ne cite pas une seule fois Xénophon, modele du poëte grec, et peut-être son maître. Que l'on rapproche les deux écrivains, et l'on verra que le premier n'a pas seulement imité, mais qu'il a pour ainsi dire calqué plusieurs descriptions sur celles du disciple de Socrate.

Ce seroit ici le lieu de renouveler le re-

(1) Xénophon, chap. XIII. Voyez aussi Polybe de Follard, t. I, p. 221 et 222.

(2) T. VI des quadrupedes, Buffon va jusqu'à dire qu'avec le témoignage d'Oppien une probabilité devient une certitude. C'est l'édition in-12 que je cite.

proche fait à quelques modernes de légèreté
ou d'injustice envers les anciens; mais
qu'il nous suffise d'avoir réclamé contre
un oubli que ne méritoit pas notre auteur. Bornons-nous à regretter que l'illustre
Buffon n'ait vu dans Xénophon que le mo-
raliste, l'historien, le militaire, l'homme
d'état, et qu'il ait ignoré l'existence d'un
chef-d'œuvre qui lui eût offert des images,
des traits heureux, des beautés de style, et
qui de plus lui eût épargné des erreurs. S'il
eût consulté notre auteur, il n'eût peut-être
pas avancé (t. XIV, p. 107) que le renard ne
s'accouple point avec la chienne, erreur qu'il
a postérieurement rétractée; il n'eût pas
avancé, autre erreur qu'il n'a jamais rétractée, que le panther des Grecs est l'adive ou
petit chacal, tandis que Xénophon (ch. XI)
range le panther dans la classe des grands
animaux, et qu'il veut pour la chasse du
panther des hommes à cheval, bien armés
et en troupe, ce qui assurément n'annonce
pas la chasse d'un animal foible tel que l'a-
dive.

J'ai dit *le panther* au masculin, et non *la
panthere :* les Latins seuls, et non les Grecs,

ont employé ce mot au féminin pour exprimer *le pardalis* des Grecs. Si je ne me trompe point (1) dans mon assertion, il en résulte que tous les commentateurs et traducteurs, soit françois, soit latins, qui ont traduit *ὁ πανθηρ*, *le panther*, par *panthera* en latin, et par *la panthere* en françois, ont été tous inexacts, et qu'ils ont appliqué au *pardalis* un nom qui désigne le *panther* seul.

Citons encore un exemple qui acheve de prouver combien la connoissance du traité que je publie eût été utile à des naturalistes justement célebres. Brisson est le premier qui ait regardé le lievre variable (2) comme une espece particuliere, et Pallas le seul qui en ait donné une description complete. En lisant Xénophon, peut-être ces savants auroient-ils pensé que l honneur de cette description appartenoit à notre auteur.

(1) Voyez, vol. des Mélanges, un extrait de ma Dissertation sur le panther et le pardalis, et, à la suite, ce que G. Cuvier dit, dans son savant rapport, de la nécessité des méthodes rigoureuses de nomenclature.

(2) Voy., vol. des Mélanges, un extrait de ma Dissertation sur le lievre variable, et du rapport fait sur cette dissertation.

L'ouvrage que je viens d'analyser, et qui a été l'année derniere l'objet de mes premieres séances au college de France, m'a présenté de grandes difficultés. J'ai trouvé aussi de grands encouragements et dans le jugement de l'institut, qui a ordonné l'impression des différentes dissertations que je lui ai soumises (1), et dans la pensée que je m'occupois d'un travail qui a du moins le mérite de la nouveauté, qui offre au naturaliste des faits, au littérateur des beautés de style, à l'érudit des usages, au grammairien de ces termes insolites, appelés ἄπαξ λεγόμενα (2). J'ai trouvé aussi de grands secours et dans deux manuscrits non collationnés jusqu'à présent (3), et dans les doctes commentaires que j'ai médités, et dans les

(1) Un extrait de ces dissertations paroîtra dans le volume suivant, que j'intitule volume des Mélanges.

(2) Littéralement : *mots une fois dits.*

(3) Il en est un qui m'eût été de la plus grande utilité, c'est celui de Synésius sur la chasse : je l'ai inutilement cherché à la bibliotheque nationale parmi les nombreux manuscrits de ce savant évêque, qui fait mention de ses Cynégétiques dans son *Phalacras egcoomion*, dans son *Peri enupnioon*,

observations fines de plusieurs de mes audi-
teurs. A l'un d'eux je dois quelques leçons
élémentaires d'anatomie qui m'ont beaucoup servi. Un autre, le citoyen Dubourg,
de la société de médecine, a pris la peine de
disséquer un lievre, afin de me montrer
d'une maniere sensible l'exactitude de l'auteur grec dans la description qu'il fait de
l'intérieur de ce animal. Quant à celle du
chien, je dois à mon célebre confrere Cuvier
l'explication des différentes parties de cet
animal sur l'animal même parfaitement dis-
séqué.

Que ne puis-je ici nommer le disciple de
l'illustre M. Heyne, le célebre Schneider,
qui promet depuis plusieurs années ia publication des divers traités de Xénophon qui
appartiennent à l'histoire naturelle. Si son

et dans ses épitres 105, 147, 153, édition de Pe-
taw Pour être en état de dire que ce manuscrit de
Synésius n'existe pas à la bibliotheque nationale, il
m'en a coûté neuf à dix matinées. Je n'aurai cependant pas tout-à-fait perdu mon temps en donnant de nouveau l'eveil sur ce précieux ouvrage, et
en invitant les savants d'Italie, d'Angleterre, d'Al-
lemagne, etc., à faire des recherches.

travail, impatiemment attendu, eût enfin paru, le mien paroîtroit avec moins d'imperfection aux regards du public. Au reste, loin de redouter la critique je la sollicite. Je profiterai avec reconnoissance des observations que l'on voudra bien me communiquer sur deux chapitres (1) remplis de difficultés (2).

L'indication des manuscrits que j'ai collationnés et des différentes sources où j'ai puisé ne sauroit être étrangere à une préface: je vais l'offrir à mes lecteurs.

Les manuscrits sont au nombre de deux. L'élégant traducteur de Callimaque et d'Es-

(1) Sur ces deux chapitres j'ai consulté MM. Heyne et Harless, qui tous deux m'honorent de leur bienveillance, et M. Schneider, qui applique si heureusement son érudition grecque à l'histoire naturelle ancienne. Je reçois à l'instant une réponse de ce dernier. J'en ferai jouir le public dans le volume des Mélanges.

(2) Un négociant qui ne veut pas être nommé a bien voulu discuter avec moi plusieurs de ces difficultés, et il les a discutées non en helléniste, il l'est fort peu, mais en homme d'esprit et en chasseur habile.

b.

chyle, le citoyen Dutheil, m'a prêté l'un avec ce zele et cet empressement plein d'aménité qui le caractérise. J'ai collationné l'autre chez son digne collegue le Grand, qui a eu la bonté de me prêter son cabinet, son feu, sa lumiere. Au moment où j'offre à ce savant laborieux et distingué l'expression de ma reconnoissance, j'apprends qu'il vient d'être enlevé aux lettres et à ses amis (1).

Le premier de ces manuscrits, coté 2737 (2), contient trois ouvrages, les Cynégétiques d'Oppien, ceux de Xénophon, et le poëme de Philé. Voici l'idée générale que le

(1) Parmi les personnes qui m'ont procuré des ouvrages qui me manquoient, je dois nommer les savants bibliographes Capperonnier et Van-prat, dont le zele actif sait si bien utiliser le vaste et précieux dépôt qui leur est confié; les savants Chardon-Larochette, Venlenat, et le directeur du prytanée de Saint-Cyr, Belin de Balue, dont j'ai eu occasion de citer les notes érudites.

(2) Voyez Notice des manuscrits de la bibliotheque nationale par Camus, t. V, p. 632 et suiv. Dans mes variantes j'appelle manuscrit A ce manuscrit, et B celui dont je vais parler bientôt.

catalogue de la bibliotheque donne de ce volume : *Is codex pulchritudine nulli concedit. Scripsit omnium suæ ætatis calligraphorum princeps Angelus Vergecius Cretensis. Imagines ipsas ab Angeli filiâ pictas fuisse memoriæ proditum est, eas videlicet quæ insunt Oppiani cynegeticis, nam in Manuelis Phile Iambis alia est et melioris notæ pictura.*

Le célebre Camus a loué avec raison dans Vergece l'habile calligraphe ; mais il n'auroit pu le préconiser comme versé dans la langue de Xénophon, témoin entre autres choses δῂ au lieu de δει (chap. I, §. 11) ; μηριεας au lieu de μηριαιας (chap. IV, §. 1). Ει et η ayant, du moins pour les Grecs du bas-empire, une même prononciation, et δῂ étant grec, la premiere de ces fautes se conçoit ; mais il est difficile d'excuser μηριεας, mot barbare, au lieu de μηριαιας. Αι se prononçant ε, un calligraphe illétré pouvoit écrire μηριεας : μηριαιας devoit se trouver sous la plume d'un calligraphe helléniste. Je pourrois citer cinquante fautes aussi graves. On les rencontrera dans mes variantes, où je conserve même les leçons jugées fautives.

Les érudits les préferent justement aux conjectures les plus ingénieuses, parcequ'elles
ont conduit plus d'une fois à la véritable
leçon : d'ailleurs elles nous offrent des traces de la prononciation des Grecs modernes,
qui peut-être differe peu de celle des anciens.

La connoissance de cette prononciation
doit précéder la lecture des manuscrits. Dans
le manuscrit B, par exemple (ch. VII, §. 5),
je lis *νυει*. Sachant que le β se prononçoit
comme notre *v*, et que *η* et *ει* avoient
même son, il m'eût été facile, si j'eusse
manqué du secours des imprimés, de reconnoître dans *νυει* la trace de *νϐη*, véritable leçon. C'est à M. Codrika, savant
Athénien, secrétaire-interprete de M. l'am-
bassadeur ottoman, que je dois cette connoissance, aussi précieuse que facile à acquérir.

Mais revenons à nos manuscrits. Le second, du même siecle que celui de Vergece, côté 2832, contient, 1° quelques
idylles de Théocrite; 2° les Césars de l'empereur Julien; 3° lettres de différents auteurs, tels que Ménandre, Glycere, Es-
chine, Brutus, Aristote, et Philippe; 4°
Psellus sur les oracles chaldéens; 5° les hié-

roglyphiques d'Orus Apollon ; 6° les oracles magiques des disciples de Zoroastre, et l'exposition des dogmes chaldaïques par Pléthon ; 7° la chasse de Xénophon. De ces différents ouvrages, le premier, selon Sévin (1), date du quatorzieme siecle ; les linéaments grossiers qui l'accompagnent semblent en effet indiquer cet âge. L'écriture du septieme annonce un manuscrit plus moderne; aussi est-il du seizieme siecle : mais tout moderne qu'il est, il en représente un ancien : je lui dois des leçons exquises (2).

Disons un mot des commentateurs et philologues que nous avons consultés. Parmi eux Pollux tiendra le premier rang. Cet érudit, qui a si bien mérité des sciences et des lettres, m'a paru avoir des idées nettes sur

(1) Je dis selon l'abbé Sévin d'après le c. Parquoi, helléniste très instruit, fonctionnaire obligeant et zélé, que l'on a souvent utilement consulté sur les manuscrits grecs, qu'il lit avec un talent rare. Je viens, d'après Sévin, de préciser une date. Le vol. II de la biblioth. nationale, p. 558, dit vaguement de ce manuscrit : *Is codex partim* 14°, *partim* 15°, *partim* 16° *sæculo exaratus est.*

(2) Voyez chap. II, où il existoit une lacune.

la chasse, qu'il aimoit et recommandoit à son élève Commode, depuis empereur (l'édition que les Kühn, etc., ont enrichie de leurs doctes commentaires est celle que j'ai consultée). Mais son autorité n'est peut-être pas d'un grand poids lorsqu'il parle d'anatomie ; témoin le liv. V, §. 58, où il veut des omoplates attachées aux épaules (1) ; faute grave, provenant d'une mauvaise interprétation du passage suivant de Xénophon : Στηθη πλαʼεα, μη ασαρκα απο των ωμων τας ωμοπλαʼας διεσʼωσας μικρον ; ce qui signifie, en construisant απο των ωμων avec τα ασαρκα, une poitrine large, assez charnue à l'endroit où elle quitte les épaules. Mais en mettant, avec Zeune, une virgule après ασαρκα, et faisant dépendre απο των ωμων de διεσʼωσας, on traduira des omoplates peu distantes des épaules ; ce qui ne présente aucun sens. Dutens, §. 186 de ses Recherches sur les découvertes des anciens attribuées aux modernes, a donc eu tort de vanter Pollux (voy. Pol., II, ch. IV, 115) comme

____

(1) Voici le texte de Pollux : Αἱ δε αμοσπλαʼαι των ωμων μικρον αφεσʼηκεʼωσαν.

anatomiste, comme auteur d'une découverte dont la gloire appartient peut-être à Antiphon, qu'il cite. (Voyez, dans le volume des Mélanges(1), ma Dissertation sur la description anatomique du chien, chap. IV, §. 1, et p. 17 et 18 de ma traduction.)

Après Julius Pollux le second rang appartiendra à Vlitius, dont j'ai lu toutes les notes sur Gratius et Némésien.

J'ai mis aussi à contribution le Lexique manuscrit que nous a laissé l'hébraïsant Riviere. Le système de cet estimable et vertueux érudit exigeant des développements, j'en parlerai dans mon volume des Mélanges.

Je viens de rendre compte d'un travail dont les Lacépede, les Daubenton, les Cuvier, ont jugé la publication utile, et qui m'a demandé beaucoup de lectures, de recherches, et de veilles. Puisse le public satisfait dire, *L'auteur n'a pas perdu son temps!*

---

(1) Ce volume des Mélanges facilitera l'intelligence de quantité de passages de ce traité. Avant de me décider à l'imprimer, j'attendrai le jugement des savants sur le volume que je publie aujourd'hui.

OBSERVATIONS

SUR LES CYNÉGÉTIQUES
DE XÉNOPHON.

Pour lire avec fruit les *Cynégétiques* ou Traité de la Chasse, il importe avant tout de connoître et le but politique de Xénophon et les circonstances dans lesquelles il le composa. Athenes, alors épuisée par la guerre du Péloponnese, touchoit au moment de sa décadence : indifférente sur ses malheurs, dominée par le luxe et la mollesse, elle songeoit peu à se défendre contre les ennemis extérieurs qui la menaçoient. Un des moyens de tirer de sa léthargie ce peuple dégénéré étoit de le rendre à ce goût pour la chasse qui avoit signalé ses aïeux. Mais la chasse étant moins alors un simple amusement qu'un dur apprentissage du métier des armes, qu'une véritable image de la guerre, pouvoit-on lui proposer cet exercice avec

quelque espoir de réussir? C'est pourtant
ce que Xénophon entreprend. En orateur
habile, il cache ses conseils sous des fleurs,
il embellit ses préceptes, il parle à l'amour-
propre des Athéniens, il excite leur orgueil
national, il rappelle à leur souvenir ces
beaux jours où la Grece rendoit les mêmes
honneurs aux chasseurs et aux athletes cou-
ronnés dans ses jeux immortels ; il leur
nomme les héros qui ont honoré leur pays,
et qui étoient tout à la fois enfants de Latone
et de Mars, et lorsqu'il croit dans un poétique et brillant exorde se les être rendus favorables, il entre en matiere, et s'applique
à leur rendre la chasse agréable : et certes
tout devoit inspirer son génie, puisqu'il écri-
voit (1) à Scillonte (2), sur les bords d'une
riviere abondante en poissons et en coquilla-
ges (3), dans le voisinage du mont Pholoé,

(1) Plutarque, Traité de l'Exil.

(2) Donnée à Xénophon par les Lacédémoniens.
« Les environs de Scillonte (dit Pausan., Hel., V, 6)
« sont favorables à la chasse ; on y trouve quantité
« de cerfs et de sangliers. »

(3) Le Sellenonte, selon d'anc. édit., ou Sele-
nonte, selon un manusc. de la biblioth. nat. Voy.
Anab., traduit par le célebre Larcher, t. II, p 26.

OEUVRES DE J. B. GAIL.

Les nouveaux co-associés à l'impression de ces ouvrages, imprimés sur papier vélin, avec estampes, ont fixé à un prix extrêmement modéré ceux destinés à l'instruction de la jeunesse.

Collection in-18. Bion, Moschus, Républiques de Sparte et d'Athenes, Mythologie dramatique de Lucien, Hymnes de Callimaque (1); Idylles de Théocrite; Anacréon, gr., lat., franç., accompagné d'un volume de notes, d'estampes, et d'odes mises en musique par Méhul et Chérubini; Traité de la Chasse; 14 vol., pap. vél., avec estampes d'après Barbier, Moreau, Chaudé. Théocrite seul a 17 grav. Prix en feuilles, 3o f. — rel en carton rose, 32 f. rel. en veau rac. doré sur tranche, 44 f. Les mêmes, rel. de même, les 14 vol. en 10, 40 f. *Idem* gr. pap. vél., figures avant la lettre, 5o f., et 60 f. rel. en veau racine doré sur tranche.

Collection format in 8°, contenant 1° Xénophon, 1 vol. (2) grec et franç. avec notes, 5 f. 5o c. 2° les trois Fabulistes, 4 vol., 10 f. Cet ou-

(1) L'auteur de cette excellente traduction, le cit. Dutheil, de l'institut, a permis au cit. Gail d'en embellir sa collection.

(2) Je m'occupe depuis douze ans de la traduction complete de Xénophon, et de toutes les variantes des manuscrits relatives à cet écrivain. Celles que j'ai insérées dans les Économiques n'étoient point entieres : j'ai recommencé ce travail; j'ai même retouché la traduction en entier. Il suit de cet aveu que les acquéreurs des Économiques et des Républiques ont une édition moins exacte. Mais, pour les indemniser et leur épargner une nouvelle dépense, je ferai un supplément qui contiendra les additions et corrections, et que l'on se procurera GRATIS.

a.

vrage étant destiné à l'éducation de la jeunesse,
on en vend chaque partie séparément; savoir,
Ésope, gr. lat. franç. avec notes, 2 f 5o c.; La
Fontaine, 2 vol., 5 f.: le commentaire sur les
Fables est du célèbre Champfort Pour mettre
les lecteurs à portée de comparer les trois fabulistes, Gail indique dans une table raisonnée
tous les sujets traités tantôt par deux fabulistes,
tantôt par les trois. Anacréon, gr., lat., 1 vol.,
2 f., pap. vél., 3 f.; Cours grec interlin., 4 part.,
rel. en parch , 4 f. 5o c. Introduction au cours
grec, ou Choix de Fables d'Ésope , avec traduct.
interlin. et notes grammat., 1 f. 5o c. Actuellement sous presse le vol. de poésie. Le cit. Gail
en a fort soigné la version interlin., que de grandes occupations ne lui ont pas permis de soigner
autant dans une partie du vol. de prose. Grammaire grecque, 1 f. 5o c. — De cette collection
le pap. vél. est fort rare.

Format in-4°. Grammaire grecque, Théocrite,
Amours de Héro et Léandre, Mythologie de
Lucien, Anacréon , avec odes mises en musique
par Gossec, Méhul, le Sueur et Chérubini; les
6 vol., gr., franç., lat., pap. vél., 10 estampes
d'après Boichot, Moitte et Barbier, 6o f. Les
odes mises en musique dans l'in-4° ne sont pas
les mêmes que celles de l'in-18 ; la version latine
de l'in 4° est en vers, celle de l'in-18 en prose
très littérale. — De cette collection plusieurs
exemplaires sur gr. pap. vél., pour faire suite
à la riche collection in-4° de Didot l'aîné.

Collection classique grecque, 6 vol. in-12, contenant les chefs-d'œuvre des orateurs grecs avec
notes, plus Sophocle complet, les 6 vol. in-12,
beaux caracteres, Paris, Didot, 14 f. — Chacun de ces vol. pris séparément, 2 f. 5o c.

Voyez , p. 228 , la suite de cette notice.

TRAITÉ
DE LA CHASSE.

CHAPITRE PREMIER.

Athenes, subjuguée par la mollesse, songeoit peu
à se défendre contre les ennemis du dehors. Un
des moyens de tirer de sa profonde léthargie ce
peuple dégénéré étoit de lui faire aimer la chasse,
qui dans les temps anciens étoit une véritable
image de la guerre. Pour parvenir à son but,
Xénophon parle dans ce premier chapitre à l'a-
mour-propre des Athéniens; il excite leur orgueil national; il leur nomme les héros qui ont
honoré leur pays, et qui étoient tout à la fois
enfants de Latone et de Mars. Il étoit difficile
d'imaginer un exorde plus poétique et en même
temps plus flatteur pour les Grecs.

Lᴀ chasse est une invention d'Apollon et de Diane. Ces deux divinités en
donnerent des leçons à Chiron pour
récompenser sa justice. Celui-ci les
reçut avec joie et en profita. Ses disciples dans cette partie, comme en

1

d'autres aussi nobles, furent Céphale, Esculape, Mélanion, Nestor, Amphiaraüs, Pelée, Télamon, Méléagre, Thésée, Hippolyte, Palamede, Ulysse, Mnesthée, Diomede, Castor, Pollux, Machaon, Podalyre, Antiloque, Énée, Achille, honorés des immortels chacun dans son temps. Chéris des dieux, ils moururent presque tous : mais qu'on n'en soit pas surpris ; s'ils ont payé ce tribut à la nature, leur nom du moins est écrit au temple de mémoire. Qu'on ne s'étonne pas plus de ce qu'ils n'ont pas fourni tous la même carriere, de ce que Chiron vécut lui seul autant que tous ses eleves ensemble. En effet, quoique Jupiter et Chiron eussent pour mere, l'un Rhéa, l'autre la nymphe Naïs, tous deux cependant étoient fils du même pere ; en sorte qu'aîné de tous, Chiron naquit avant Céphale, Mélanion et les autres, et ne mourut qu'après l'éducation d'Achille.

Distingués par leurs vertus, grace à leur passion pour la chasse et pour les autres exercices, ils ont obtenu notre admiration. Une déesse enleva Céphále. Esculape reçut en partage le don précieux de guérir les malades et de ressusciter les morts ; aussi vivra-t-il à jamais comme un dieu dans la mémoire des hommes. Mélanion, se signalant par de constants efforts, plus heureux que tant d'illustres rivaux qui aspiroient à la plus glorieuse des alliances, obtint la main d'Atalante. Quel Grec n'a pas entendu célébrer la valeur de Nestor ? que pourrai-je en dire qui ne soit très connu ? Au siege de Thebes, Amphiaraüs se couvre de gloire ; il obtient de l'Olympe l'honneur de l'immortalité. Pelée inspira aux dieux le desir de lui donner la main de Thétis en récompense de sa valeur, et son hymen fut célébré dans la maison de Chiron. Télamon se montra si grand qu'il épousa la fille d'Alcathoüs qu'il aimoit, Péribée, originaire de la plus fameuse des cités, et qu'il obtint encore Hésione, lorsqu'après la prise de Troie, le premier des Grecs, Hercule, fils de Jupiter, fit le partage du butin.

On sait quels honneurs reçut Méléagre. S'il fut malheureux, la cause en fut à son pere, qui dans ses vieux ans avoit oublié Diane. Thésée extermina lui seul les ennemis communs de la Grece; et sa patrie florissante lui paie à présent encore le tribut de l'admiration. Hippolyte étoit honoré de Diane et conversoit familièrement avec cette déesse; il mourut estimé (1) heureux de sa piété et de sa chasteté. Palamede, qui l'emportoit en talents sur ses contemporains, périt victime

(1) *Estimé heureux.* Je dois cette expression antique, et d'autres encore, à cet écrivain dont les poésies sont vivantes du génie des Grecs, à l'immortel auteur de Phedre, qui a dit:

Pythée *estimé sage* entre tous les humains.

de l'injustice; mais les dieux le vengerent comme ils n'avoient encore vengé aucun autre mortel : au reste les auteurs de sa fin tragique ne sont pas ceux que l'on pense; Agamemnon et Ulysse auroient-ils été regardés, l'un comme un homme à-peu-près excellent, l'autre comme ayant beaucoup de ressemblance avec les hommes vertueux? des scélérats seuls commirent ce forfait. Toujours passionné pour la chasse, Mnesthée s'endurcit tellement à la fatigue, que les premiers des Grecs convenoient de sa supériorité sur eux dans l'art militaire, en exceptant cependant Nestor, qui, si l'on en croit la renommée, fut, non son maître, mais son rival.

Ulysse et Diomede se distinguerent en mille occasions, et à Troie surtout dont la prise fut leur ouvrage. Castor et Pollux se montrerent en Grece les dignes éleves de Chiron; aussi sont-ils habitants de l'Olympe.

1.

Machaon et Podalyre , initiés à la même instruction , excellerent dans les arts , dans l'éloquence , et dans les combats. Antiloque meurt pour son pere ; il obtient le glorieux privilege d'être seul , entre tous les Grecs, surnommé Philopator.

Énée sauve les dieux de ses aïeux et son pere ; il emporte avec lui le surnom d'homme religieux , et l'ennemi lui accorde à lui seul le privilege de n'être pas dépouillé comme les vaincus. Achille , formé à la même école , laissa après lui tant de titres à la gloire , qu'on ne se lasse ni d'en faire ni d'en entendre le récit. Graces aux soins de Chiron , révéré par les honnêtes gens , et calomnié par les méchants , ces héros devinrent si fameux que les villes , ou les princes de la Grece opprimés , trouverent en eux des libérateurs. La Grece avoit-elle à se plaindre des barbares , ou étoit-elle en guerre avec eux : secon-

dée de tels hommes elle triomphoit
et devenoit invincible.

CHAPITRE II.

Qualités d'un bon chasseur ; il doit être Grec de
langue (voyez dans les notes le sens de ce mot),
âgé d'environ vingt ans, avoir une taille svelte,
un corps robuste. Différentes especes de filets
dont il se servira.

Pour moi j'exhorte les jeunes gens
à ne mépriser ni la chasse ni aucune
autre partie de l'éducation. En effet
c'est en se livrant aux exercices qui
donnent nécessairement de l'aptitude
à bien penser, bien dire, et bien
agir, que l'on se distingue dans l'art
militaire et dans les autres profes-
sions.

Au sortir de la classe de l'enfance
on s'occupera d'abord de la chasse
et ensuite des autres parties de l'é-
ducation, mais en consultant sa fortune : celui qui en a une suffisante

les cultivera en raison de leur utilité ;
celui qui n'a que des moyens médio-
cres montrera du moins de l'ardeur,
et n'omettra rien de ce qui est en son
pouvoir.

Je vais parler des qualités qu'il doit
avoir , et des préparatifs qu'il doit
faire. J'entrerai dans les plus grands
détails, afin que l'on soit en état, d'a-
près ces notions préliminaires, de passer à la pratique ; et qu'on ne les juge
pas indifférentes : sans elles point de
succès.

Un bon chasseur doit être Grec (1),
âgé d'environ vingt ans , avoir une
taille svelte , un corps robuste , un
courage à l'épreuve ; avec ces avantages il surmontera la fatigue , la
chasse ne lui offrira que du plaisir.

Les *arcus*, les *enodia*, les *dictua* (2),
seront de lin mince du Phase ou de

(1) Voyez ma note sur ce mot.
(2) Voyez, volume des mêlanges, mes observations sur ces trois différentes especes de filets et
sur le lin du Phase.

Carthage. La cordelette des arcus aura neuf fils ; leur grandeur cinq spithames (1), les mailles deux palestes (2) de largeur ; point de nœuds aux péridromes (3), pour que le filet puisse couler aisément dessus : vous formerez les enodia de douze fils, les dictua de seize. Vous donnerez aux enodia deux, quatre ou cinq orgyies(4),

(1) *Spithame*, sorte de mesure qui commence à l'extrémité du pouce et finit à celle du petit doigt, quand ces deux extrémités sont aussi éloignées l'une de l'autre qu'elles peuvent l'être. (Voyez Pollux, liv. II, chap. 157.) Le grand vocabulaire françois, trop souvent inexact dans ses définitions des mesures anciennes, applique au mot empan, synonyme de pan ou palme, la définition que je viens de donner du *spithame*.

(2) *Paleste.* Quatre doigts fermés formoient une paleste. (Voyez Pollux, liv. II, chap. 157.) A la paleste des Grecs répondoit le *palmus* des Romains, appelé en français *palme*.

(3) V. la dissert. sur les filets vol. des mélanges.

(4) *Orgyie.* Les bras étendus, la poitrine comprise, donnoient une orgyie grecque. (Voyez Poll. liv. II, chap. 158.) L'orgyie étoit aussi une mesure égyptienne. (Voyez l'Hérodote du célebre Lar-

aux dictua dix, vingt ou même trente orgyies ; plus grands ils embarrasseroient. On fera trente nœuds à ces deux especes de filets : que la largeur des mailles soit celle des arcus ; que les enodia aient à l'extrémité de leurs cordelettes des nœuds en forme de mamelons : employez des anneaux pour les dictua ; on tissera les péristrophes (1) avec de petits cordeaux retors.

Les fourches qui doivent soutenir les arcus auront dix palestes de haut. Ayez-en aussi de moindre hauteur ; car les fourches inégales tiendront les filets à la même hauteur dans des lieux de surface inégale. On se servira de fourches égales sur des terrains unis : il faut qu'on puisse les enlever fa-

cher.) Notre mot *brasse* correspond exactement à l'orgyie grecque.

(1) *Péristrophes.* Selon le célebre Jungerman Pollux désigne par ce mot la corde inférieure du filet. (Voyez ma dissertation sur les filets des Grecs, volume des mêlanges.)

cilement : que les extrémités en soient lisses. Prenez pour les énodia des fourches d'une double hauteur ; pour les dictua des fourches de cinq spithames de haut, ayant la bifurcation petite , la fente peu profonde : qu'elles se fichent toutes aisément, et que l'épaisseur réponde à la longueur.

Les dictua exigeront tantôt plus tantôt moins de fourches ; moins si lorsqu'on les leve ils se tiennent fermement tendus , plus s'ils sont trop lâches. Du reste , on se munira et d'un sac de peau de veau , où l'on range avec ordre les arcus et les dictua , et d'une serpe afin d'abattre du bois pour boucher , au besoin , les passées de la forêt.

CHAPITRE III.

Des Castorides et des Alopécides. Mélange des
deux especes.

On compte deux especes de chiens ;
les uns Castorides, les autres Alopécides. Castor, si connu par sa passion
pour la chasse, s'attachoit particu-
lièrement à la premiere espece ; voilà
l'origine de la premiere dénomination.
Les Alopécides ont été ainsi appelés
parcequ'ils sont nés de l'accouplement
d'un chien et d'un renard : avec le
temps ces deux especes se sont mê-
lées.

Les plus nombreux ainsi que les
moins estimés des chiens provenus de
ce mélange sont ceux qui se trouvent
petits, camus, aux yeux fauves,
myopes, laids, d'un poil rude, foi-

bles, chauves en partie, hauts sur
jambes, mal proportionnés, lâches,
sans flair, sans jambes. Ceux de petit
corsage ne valent rien pour la chasse
vu leur petite taille ; les camus n'ont
point assez de mâchoire, aussi ne re-
tiennent-ils pas le lievre qu'ils saisissent ; les myopes et ceux aux yeux
fauves, voient toujours mal; les chiens
qui n'ont point de belles formes répu-
gnent à la vue; ceux à poil rude réus-
sissent mal à la chasse ; les chiens foibles et sans poil ne peuvent soutenir
la fatigue ; ceux qui sont hauts sur
jambes et disproportionnés, à cause
de leur structure irréguliere, ne vont
à la quête que pesamment. Les chiens
sans courage quittent la plaine, vont
chercher l'ombrè, et s'y couchent ;
ceux qui n'ont point de nez sentent
à peine et très rarement la passée du
lievre. Quant aux chiens aux jambes
débiles, quelle que soit leur ardeur,

ils ne supportent point le travail ; ils y renoncent à cause de la sensibilité de leurs pieds.

Ces mêmes chiens quêtent aussi bien différemment. Ceux-ci ont à peine saisi la trace de la bête qu'ils courent sans donner de signe, de sorte qu'on ne sait s'ils la suivent à la piste. Ceux-là n'agitent que les oreilles ; la queue reste immobile : d'autres ne remuent point les oreilles, et se battent l'arriere-train avec la queue ; d'autres serrent les oreilles, suivent la trace d'un air sombre et triste, et courent la queue entre les jambes. Beaucoup d'autres n'ont pas ces défauts, mais ils tournoient en furieux ; ils aboient autour de la trace, et s'ils la saisissent, ils la dissipent en la foulant sans intelligence.

Il en est qui font mille circuits, battent le terrain, perdent le lievre en revenant sur les premieres traces ; ou, toutes les fois qu'ils les suivent, ils ont l'air rêveur : aperçoivent-ils le lievre les premiers, ils tremblent : pour qu'ils le poursuivent il faut qu'ils l'aient vu partir. D'autres encore, courant en avant çà et là, et rencontrant les traces saisies par les chiens qui les ont précédés, s'arrêtent, observent fréquemment, se défiant d'eux-mêmes. Il en est de si emportés qu'ils ne laissent point avancer leurs camarades intelligents ; ils les troublent, ils les arrêtent : d'autres saisissent de fausses traces, et, tout fiers de ce qu'ils rencontrent, s'avancent persuadés qu'ils trompent : quelques uns font de même sans réflexion.

Regardez comme mauvais les chiens qui, attachés aux sentiers battus, ne discernent pas les vraies traces ; rangez dans la même classe ceux à qui échappent les traces du gîte, et qui sautent par dessus les passées du lievre coureur. Tels débutent par une course rapide qui se ralentit bientôt faute d'ardeur ; tels prennent la voie, mais se fourvoient ensuite : d'autres, se jetant imprudemment dans les premiers sentiers qu'ils trouvent, se trompent et ne reviennent pas à l'appel.

Plusieurs, abandonnant leur poursuite, reviennent par crainte de la bête, quantité d'autres par amitié pour leur maître : quelques uns essaient de tromper en clabaudant hors de la passée pour persuader qu'ils tiennent la véritable. Il en est qui ne sont pas sujets à ce défaut ; mais, au milieu de leur course, entendent-ils du bruit, ils s'y portent inconsidérément, et quittent l'animal ; ils changent de route, les uns on ne sait pourquoi, les autres sur de fortes conjectures de leur part, ceux-ci sur de simples vraisemblances, ceux-là par feinte : d'autres, par jalousie, quittent la voie, se détachent de la meute, et s'emportent par bandes.

Avec de tels vices, ou naturels

pour la plupart, ou provenant d'une mauvaise éducation, ils ne sont d'aucun service; ils rebuteroient donc les chasseurs les plus passionnés. Je vais parler à présent de la forme et des qualités qu'on doit rencontrer dans les chiens d'une même espece.

CHAPITRE IV.

Des qualités des chiens. Les avertissements qu'ils donnent quand ils ont cerné le lievre. Dans ce chapitre, ainsi que dans le sixieme, notre auteur ne décrit pas seulement le chien; il nous le montre dans la plaine, sur le penchant des collines, dans les forêts les plus épaisses, sur les monts escarpés.

D'ABORD il faut que les chiens de chasse (1) soient grands, qu'ils aient

(1) Voir, dans le volume des mélanges, ma dissertation sur cette description intéressante du chien. Je m'y suis appliqué à rapprocher de Xénophon Oppien qui l'a tant de fois imité, Pollux qui le commente, Arrien qui aspire à la gloire d'être le continuateur de notre auteur.

la tête légere, courte et nerveuse, le bas du front marqué de rides, les yeux élevés, noirs, brillants, le front haut et large, les interstices prononcés ; les oreilles grandes, minces, sans poil par derriere ; le cou long, souple, rond ; la poitrine large, assez charnue où elle quitte les épaules ; les omoplates un peu distantes l'une de l'autre ; le train de devant court, droit, rond, musclé ; les jointures droites ; les côtes pas tout-à-fait plates, mais se dirigeant d'abord transversalement ; les reins charnus, ni trop longs ni trop courts ; les flancs ni trop mous ni trop fermes, ni trop grands ni trop petits ; les hanches arrondies, charnues en arriere, assez espacées par le haut et comme se rapprochant intérieurement : que le bas-ventre et les parties adjacentes soient mollettes ; la queue longue, droite et fine ; les cuisses fermes ; les hypocolies ronds, bien compactes ; le train de derriere beaucoup plus haut que l'avant-train, et cependant dans une juste proportion; les pieds arrondis.

De pareils chiens annonceront de la force, seront légers, bien proportionnés, alertes, gais, et bien en gueule (1). Il faut que les chiens quêtent en quittant promptement les sentiers battus, tenant toujours le nez contre terre, montrant de la joie aussitôt qu'ils ont saisi la trace, rabattant les oreilles, portant les yeux çà et là, frappant de leur queue qu'ils roulent et déroulent, et s'avançant tous ensemble sur la trace du gibier.

(1) *Bien en gueule.* Ce mot, que j'ai en vain cherché dans Buffon, peut étonner des lecteurs délicats. Après l'avoir hasardé non sans quelque répugnance, j'ai consulté un fameux chasseur qui s'est écrié : *Bravo ! bravo !* Il ne m'en a pas fallu davantage pour me déterminer à conserver ce terme qui rend le grec bien littéralement. A sa place je n'avois que *gueuler*, mot moins heureux, qui, dans la langue du chasseur, se dit du levrier qui saisit bien avec la gueule.

Lorsqu'ils auront cerné le lievre ils en avertiront le chasseur en accélérant leur marche ; ils l'avertiront encore mieux par leur ardeur, par le mouvement de la tête et des yeux, par les changements de position du corps ; ils porteront les regards ou plus haut ou plus bas sur le gîte du lievre ; ils se jetteront, soit en avant, soit en arriere, soit obliquement : leurs esprits exaltés, les transports de la joie, tout annoncera qu'ils touchent au moment de la victoire.

Ils le presseront sans revenir sur leurs pas, en aboyant, en clabaudant, en franchissant les lieux divers que franchira le lievre lui-même ; ils suivront le change d'une belle menée ; ils dévoreront l'espace ; ils serreront l'animal de près ; ils ne feront entendre qu'avec motif leurs aboiements répétés ; sur-tout ils ne reviendront jamais vers le chasseur en abandonnant la trace.

Avec ces belles formes et ces excellentes qualités, qu'ils aient encore de l'ardeur, de bons pieds, du nez, un bon poil. On verra qu'ils ont de l'ame, si, dans les grandes chaleurs, ils ne quittent point la chasse; du nez, s'ils sentent le lievre dans les champs nus, arides, exposés au soleil, et cet astre étant dans toute sa force. On jugera qu'ils ont bon pied, si, lorsqu'à l'ardeur du soleil ils gravissent les montagnes, leurs pieds ne se fendent pas : leur poil sera bon, s'ils l'ont fin, épais et mollet.

Quant à la couleur des chiens, il faut quelle ne soit ni rousse, ni noire, ni tout-à-fait blanche : ces couleurs annoncent un animal vulgaire, sauvage, et non de bonne race. Les roux et les noirs doivent avoir un poil blanc aux environs du front. Les blancs seront marqués de roux au front. Je veux un poil droit et long au haut des cuisses, de même qu'aux reins et à la queue, mais plus court sur le dos.

On fera mieux de mener le chien sur des cantons montueux que dans des terres labourées, puisqu'on peut sans obstacle le faire quêter sur les montagnes, ce qui est impossible dans les terres labourées à cause des sillons. On le menera dans des endroits pleins d'aspérités, sans même y chercher de lievre ; leur pied s'y fait, et le travail du corps en de pareils endroits leur est très avantageux. En été, c'est dès l'aube du jour jusqu'à midi qu'il faut sortir ; en hiver, pendant le jour ; en automne, après midi ; au printemps, sur le soir, parcequ'alors la température est modérée.

CHAPITRE V.

Traces du lievre ; son gîte , ses mœurs, ses habi-
tudes, sa conformation, cause de son agilité.

Les traces du lievre sont longues en
hiver , vu la longueur des nuits,
courtes en été par la raison contraire.
Dans les matinées d'hiver , lorsqu'il y
a du givre ou de la glace , le chien
n'a pas de nez : le givre par sa propre
force attire à lui et absorbe la chaleur qu'a laissée la trace ; la glace ,
d'un autre côté , semble la condenser.
Les chiens ayant alors le nez tendre ,
ne flairent point : mais que le soleil ou
le jour avançant dégage l'odeur de
la trace, elle s'offre à eux , elle les
saisit , ils la sentent. Une abondante
rosée absorbe cette même odeur , et
la fait encore disparoître , ainsi que
les grandes pluies , qui, tombant à de
longs intervalles, détrempent la terre,

et rendent l'odorat presque nul jusqu'à ce qu'elle soit totalement res-
suyée.

Les vents du midi nuisent encore
plus , parcequ'ils humectent et dissipent les traces : les vents du nord ,
au contraire , lorsqu'ils ne sont point
violents , les fixent et les conservent;
en général les pluies et la rosée les
noient. La lune, sur-tout dans son
plein , les affoiblit par sa chaleur :
elles sont alors fort rares par la raison
que les lievres , égayés au clair de la
lune, s'élançant par sauts et par bonds
et folàtrant à l'envi, laissent entre ces
traces de longs intervalles. Elles sont
fort troubles lorsque le renard y a
passé.

Le printemps ayant une tempé ra-
ture modérée , rend la trace bien sensible , à moins que les vapeur s de la
terre en travail n'affectent les chiens ,
et que l'odeur des fleurs ne se confo nde
avec celle de la trace. Elle e st en été

peu marquée et très légere, parceque
la terre, alors échauffée, dissipe les
émanations déposées par l'animal :
car elles sont très volatiles ; et nécessairement le chien a moins de nez
alors à cause de son épuisement.

La trace est nette en automne, parceque dans cette saison on a rentré les
récoltes des plantes cultivées, et que les
plantes sauvages sont desséchées, de
sorte que les émanations des fruits,
ne se portant plus sur les passées du
gibier, ne nuisent plus au chien.

En général les passées sont droites
en hiver, en été et en automne, mais
compliquées au printemps ; car c'est
dans cette derniere saison sur-tout que
le lievre s'accouple, erre çà et là, et
produit nécessairement l'inconvénient
dont nous parlons.

La trace du lievre allant à son gîte
dure plus long-temps que celle du
lievre coureur : le premier imprime
ses pas sur sa route ; le second va ra-

pidement : la terre est donc comme battue par le premier ; elle est à peine effleurée par le second.

L'odeur de la trace est plus sensible dans les bois ou remises que dans les terres nues. Dans ses courses il s'assied et touche à tout ; il se couche près des arbres ou sur les herbes, il se tapit dessous, dessus, dedans, à quelque distance de ce qu'il rencontre, ou peu ou beaucoup de temps, ou ni trop peu ni trop long-temps : quelquefois même il s'élance, ou dans la mer pour y prendre ce qu'il peut, ou dans d'autres eaux, s'il y aperçoit quelque corps qui surnage, ou quelque production de la nature.

Le lievre qui gîte choisit en hiver des lieux abrités ; les ombrages pendant les chaleurs ; au printemps, en automne, les lieux exposés au soleil.

Il n'en est pas de même du lievre coureur, que la crainte du chien tient dans une continuelle inquiétude.

Le lievre couché. avance la cuisse
de derriere sous les flancs, joint les
jambes de devant, en les étendant,
pose sa mâchoire sur les extrémités
des pieds, et laisse tomber les oreilles
sur ses omoplates : de ses oreilles il
couvre aussi les parties molles du
col; en général son poil épais et mollet
lui sert de couverture.

Lorsqu'il veille il cligne les paupieres : mais pendant le sommeil il
les tient ouvertes et immobiles ; ses
yeux demeurent fixes ; en dormant
il agite souvent ses narines, mais beaucoup moins lorsqu'il veille.

Quand la terre est en travail, il préfere les terres labourées aux montagnes. Le suit-on à la piste, il s'arrête
par-tout, excepté la nuit ; car alors
il devient excessivement timide, et
dans cet état il ne reste pas en place.

Le lievre étonne par sa fécondité ;
à peine la femelle a-t-elle mis bas
qu'elle reçoit le mâle ou que même

elle est déja pleine. La trace des le-
vreaux très jeunes est plus sensible
que celle des grands lievres; comme
leurs membres sont encore tendres,
ils les traînent sur la surface de la
terre. Le chasseur met en liberté ces
nouveaux-nés en l'honneur de Diane.
Ceux d'un an mettent de la rapidité
dans leur premiere course; ils n'en
mettent point dans les autres, car avec
beaucoup de légèreté ils ont peu de
force.

Pour découvrir la trace d'un lievre
on menera les chiens en partant de
l'endroit le plus élevé des terres labourées : le lievre qui ne vient pas
dans les terres cultivées se tient plus
ordinairement dans des prairies, dans
des bocages, sur les bords des ruis-
seaux, dans les endroits pierreux, et
dans des bois.

Lorsque le lievre part gardez-vous
de crier, de peur que les chiens trou-
blés ne reconnoissent difficilement la

trace : poursuivi par les chiens qui l'ont découverte, il traverse des ruis-seaux, fait des détours, se retire dans des fentes de rocher où il se roule en peloton. Il a peur non seulement du chien, mais encore de l'aigle : dans sa première année, franchit-il ou les hauteurs ou les terrains nus, il est menacé de devenir la proie du roi des oiseaux ; devenu plus fort, les chiens le poursuivent, l'atteignent et l'em-portent.

Les lievres des montagnes courent plus rapidement que ceux de la plaine ; ceux des marais sont plus lents : mais on prend difficilement les lievres er-rants, car ils connoissent les chemins courts. Ils ont beaucoup d'avantage, soit en montant, soit dans les lieux unis ; sur des terrains inégaux, ils cou-rent inégalement ; c'est en descendant qu'ils courent le moins bien.

Ceux d'entre eux que l'on poursuit dans une terre fraîchement labourée,

3.

se reconnoissent sur-tout s'ils ont le poil rouge ; dans les chaumes le reflet les trahit ; on les reconnoîtra aussi dans les sentiers battus et dans les routes unies, car le poli de leur poil frappera la vue : mais, à cause de la ressemblance des couleurs, on n'apercevra plus l'animal lorsqu'il franchira des endroits pierreux , des monts , des broussailles , des forêts. A-t-il le devant sur les chiens, il s'arrête , puis se dresse pour écouter si les clameurs ou le bruit des chiens sont près de lui ; il s'éloigne ensuite de l'endroit d'où part tout le bruit ; quelquefois , quoiqu'il n'entende rien , il croit, il se persuade qu'il entend , il revient en sautant sur ses premières traces , il les coupe en tous sens.

Les lievres que l'on surprend dans les endroits déserts poussent très loin leur course , parceque tout s'y montre à découvert, au lieu que ceux que l'on fait lever dans des bocages épais courent fort peu ; l'obscurité les arrête.

Il y a deux especes de lievres : les uns grands, noirâtres, ont une grande tache blanche sur le front ; les autres plus petits , un peu jaunâtres, ont la tache blanche plus petite : la queue des uns est marquée d'une tache ronde ; celle des autres est écourtée : ceux-ci ont les yeux d'une couleur tirant sur le noir ; les autres d'une couleur bleuâtre : les uns ont le bout des oreilles noir en grande partie; les autres ne l'ont que très peu.

On trouve les plus petits lievres dans la plupart des îles , soit désertes, soit habitées, et en plus grande quantité que dans les continents , parceque dans la plupart de ces îles on ne voit ni aigles ni renards fondre sur eux et sur leurs petits. Les aigles habitent de préférence les plus hautes montagnes ; or celles des îles ont moins d'élévation ; d'ailleurs les chasseurs visitent peu les îles désertes;

dans celles qui sont habitées il y a peu d'hommes, encore moins de chasseurs. Quant aux îles sacrées, il est défendu d'y introduire des chiens; les lievres doivent donc s'y multiplier à l'infini, puisqu'on ne les inquiete ni eux ni leur progéniture.

Le lievre, pour plusieurs raisons, n'a pas une vue perçante; ses yeux sont saillants, ses paupieres trop courtes ne peuvent se joindre pour se fermer, ce qui lui rend la vision vague et confuse: quoiqu'il dorme souvent il n'en a pas la vue plus soulagée. La rapidité de sa course contribue beaucoup à la lui rendre trouble; avant qu'il ait pu distinguer un objet il en détourne ses regards: d'ailleurs la crainte des chiens lorsqu'il est poursuivi lui ôte toute prévoyance; aussi se heurte-t il à droite, à gauche: il tombe imprudemment dans les filets. Rarement il y donneroit s'il suivoit droit sa course; mais, attaché aux lieux qui l'ont vu naître, il tourne sans cesse aux environs, il se trouve pris: lorsque les chiens s'en rendent maîtres ils le doivent rarement à la rapidité de leur course ; c'est toujours par hasard et contre la nature de sa structure que le lievre se voit arrêté, car sous ce rapport aucun animal de même grandeur ne peut lui être comparé. Voici en effet la conformation de son corps:

Il a une tête légere, petite, inclinée, étroite en devant, les oreilles placées très haut, le cou mince, arrondi, assez long et souple ; les omoplates droites, libres par le haut ; les jambes de devant (1) légeres et compactes ; la poitrine dégagée ; les côtes minces, proportionnées ; les reins arqués, concaves, charnus ; les flancs mollets, assez étendus ; les hanches rondes, bien nourries, de forme circulaire, bien espacées en haut ; la cuisse

(1) Littér. *Les jambes qui y sont attachées.*

alongée, compacte; les muscles exter-
nes bien tendus; les muscles internes
plats; les hypocolies alongés et fermes;
les pieds de devant souples à leur extrémité, étroits et droits; ceux de
derriere durs et larges, en général
ne craignant rien d'un terrain rude;
les jambes de derriere beaucoup plus
grandes que celles de devant, formant
une légere courbure en dehors; le poil
court et léger. Comment un animal
d'une telle structure ne seroit-il pas
fort, souple et léger?

La preuve de sa légèreté naturelle
c'est que, même en partant tranquil-
lement, il va par sauts et par bonds;
jamais on ne verra un lievre aller au
pas; il saute en portant les pieds de
derriere en dehors et au-delà des
pieds de devant; telle est son allure.

Voici ce que l'on remarque quand
il se voit en danger. Sa queue ne
facilite pas sa course; étant aussi
courte elle ne peut servir à diriger le

corps : mais il y supplée de l'une et de l'autre oreille lorsqu'il est sur le point d'être saisi par les chiens ; il baisse alors une oreille, projette l'autre obliquement en s'appuyant du côté où il est menacé, en sorte qu'il donne promptement un crochet, et se trouve déja loin de l'ennemi qui le serroit. C'est un animal si agréable, qu'il n'est personne qui, en le voyant suivi à la piste, découvert, poursuivi, atteint, n'oublie tout autre objet qui pourroit le plus amuser ses yeux.

Abstenez-vous de chasser dans les terres ensemencées, quelles qu'en soient les productions ; évitez aussi les courants d'eau et ceux des fontaines ; il est injuste, il est honteux d'y causer du dégât : à l'instant où commence e dommage, souvenez-vous de la loi ; y eût-il la plus belle apparence de chasse, arrêtez tout.

CHAPITRE VI.

Chasse au lievre avec les chiens et les filets. Costume du chasseur. Temps et heures favorables pour la chasse.

Le collier, la laisse, les longes latérales, voilà l'ornement du chien de chasse : le collier sera mollet, assez large pour ne pas endommager le poil de l'animal; les laisses auront des crochets par lesquels on les tiendra à la main, et rien de plus, car c'est mal consulter l'intérêt du chien que de lui former un collier de la laisse même ; les bandes latérales doivent être d'un cuir large pour ne point blesser ses flancs, et en les cousant on les garnira de quelques pointes pour parer au mélange des races.

Ne menez les chiens à la chasse ni lorsqu'ils prennent avec dégoût la nourriture qu'on leur présente, bien sûr qu'ils sont malades , ni lorsqu'un vent impétueux souffle ; car il dissipe l'odeur de la trace , et le chien ne la sent plus ; d'ailleurs on ne peut alors dresser ni les petits ni les grands filets : n'existe-t-il aucun de ces obstacles , sortez les chiens tous les trois jours. Ne les accoutumez pas à courir après les renards , ce seroit les gâter, vous n'en tireriez plus de service. Vous changerez de canton , autant pour les rendre propres à chasser par-tout que pour acquérir par vous même la connoissance du terrain. Vous les sortirez de bon matin afin qu'ils découvrent la trace ; en s'y prenant trop tard , en même temps que l'on perd sa peine on met les chiens dans l'impossibilité de découvrir le lievre ; en effet , à cause de sa volatilité , l'odeur de la trace ne s'accommode pas de toutes les heures du jour.

Le garde-filet partira pour la chasse avec un vêtement très léger ; il tendra ses *arcus* aux sentiers raboteux , aux terrains inclinés , aux détours spacieux , dans les lieux obscurs , aux ruisseaux , aux ravins , aux torrents rapides ; car c'est dans ces endroits sur-tout que le lievre se retire. Il seroit trop long d'entrer dans une énumération complete.

Des passages latéraux , des traversées découvertes ou cachées se pratiqueront au point du jour , et non auparavant. En plaçant les filets près de l'endroit où on le cherche l'animal pourroit entendre le bruit et s'en épouvanter. Si l'on doit les placer à une grande distance les uns des autres , rien n'empêchera de faire avant le point du jour le travail nécessaire pour nettoyer le terrain où ils seront tendus. Dans les endroits qui n'offriront point d'obstacle on fichera les fourches en pente , afin qu'étant tirées un peu elles opposent quelque résistance. Au haut de ces

fourches on passera les mailles de
même rangée , on tendra également
d'une fourche à l'autre , ayant soin
d'élever la bourse du filet vers le cen-
tre. On posera sur le *péridrome* une
longue et grosse pierre , afin que l'*arcus* ne se détende pas lorsque le lievre
y sera pris : on dressera les panneaux
longs et hauts , de peur que le lievre
ne saute par-dessus. Ne perdez pas de
temps à la quête; il est de l'honneur
d'un chasseur laborieux de prendre
promptement le gibier et d'y mettre
toute son industrie.

On tendra les *dictua* dans les plai-
nes; mais on posera les *enodia* sur les
sentiers et hors des chemins battus
où ils seront nécessaires , en fixant les
péridromes sur la terre , serrant les
extrémités du filet , enfonçant les
fourches entre les *sardonnes* , et at-
tachant les *épidromes* au haut de ces
fourches ; l'on bouchera d'ailleurs les
issues laissées par les filets.

Le garde-filet ira ensuite çà et là, ayant l'œil à tout : un des *arcus* vient-il à pencher, il le redressera : le lievre lancé tend-t-il vers les *arcus*, on lui laisse prendre les devants, on le presse à grands cris. Le lievre pris, celui qui tient les chiens calmera leur impétuosité, non par des coups, mais par des caresses : ses cris diront aux chasseurs ou qu'il n'a point vu le lievre, ou de quel côté il l'a vu, ou qu'il en est maître, ou qu'il s'est échappé de tel ou tel côté.

Le chasseur partira vêtu à la légere, ayant un habit et une chaussure simples, un bâton à la main, et suivi du garde-filet. Ils marcheront en silence, de peur que le lievre qui pourroit être près d'eux ne les entende parler et ne parte. Arrivé aux bois le chasseur mettra ses chiens en laisse, chacun séparément, afin qu'il puisse les lâcher sans embarras. Les *arcus* et les *dictua* seront tendus, comme nous venons de le dire ; le garde-filet se mettra ensuite en observation ; et le chasseur, prenant les chiens avec lui, ira lancer adroitement le gibier. Il en promettra les prémices à Apollon et à la chasseresse Diane, puis il lâchera le chien le plus instruit à quêter.

En hiver, il commencera au lever du soleil ; en été, avant le jour ; dans les autres saisons, entre ces deux intervalles. Dès que le premier chien, après avoir couru sur les différentes passées, aura trouvé la véritable, un autre sera lâché ; s'ils sont tous deux sur la trace, peu de temps après on lâchera les autres un à un ; on les suivra sans les presser, les appelant chacun par leur nom, rarement cependant, de peur qu'ils ne s'animent avant le temps.

Je les vois, joyeux et pleins d'une noble ardeur, s'élancer, dévelop-

per deux ou trois traces, les suivre
avec emportement, les couper ensuite,
décrire un cercle, aller tantôt en
droite ligne, tantôt obliquement, entrer dans d'épaisses broussailles, dans
des clairieres, dans les sentiers connus,
inconnus, se précédant les uns les
autres, agitant leurs queues, les oreilles baissées, le feu dans les yeux. Ar-
rivés près du lievre, ils l'indiquent au
chasseur en agitant et la queue et
le corps tout entier, s'emportant avec
une ardeur guerriere, prenant les devants à l'envi, courant ensemble, et
bravant la fatigue; tantôt se séparant,
tantôt se réunissant pour se porter encore
core au-delà; enfin ils arrivent au
gîte du lievre, et fondent sur lui: l'a-
nimal s'élance, il fuit au milieu des
clameurs et des aboiements; alors on
animera les chiens et de la voix et du
geste: le chasseur les suivra dans leur
course, le bras gauche enveloppé de
sa chlamys; le bâton à la main, il

poursuivra le lievre, mais en évitant de s'offrir à lui; ce seroit d'un mauvais chasseur.

Le lievre en se sauvant est bientôt perdu de vue ; en général il tourne autour du gîte d'où on l'a débusqué. A lui, s'écriera-t-on ! à lui, valet ! oh ! oh, donc valet ! et le valet fera signe si l'animal est pris ou non. S'il l'est à la premiere course, on rappellera les chiens pour en chercher un autre : ne l'est-il pas, on poursuit rapidement et sans relâche, on furete par-tout.

Lorsque les chiens dans leur poursuite se trouveront à la rencontre du chasseur, il les animera par ses cris ; mais s'ils se portent trop en avant et que le chasseur ne puisse les joindre, ou qu'il les ait perdus, et ne puisse plus ni les voir sur la trace, ni les entendre aboyer, il demandera en criant au premier passant où il pourroit les avoir vus ; il les joint ensuite : s'ils sont sur la trace, il les encourage,

il les appelle chacun par leur nom ; il
varie autant qu'il peut le son de sa
voix, qu'il rend tour à tour aiguë ou
grave, foible ou forte. Entre autres
manieres de les appeler, si c'est dans
une montagne que les chiens courent,
il les animera ainsi : Oh ! levriers, oh !
levriers ! Au lieu d'être sur la piste,
l'ont-ils dépassée, il leur criera, A
moi, levriers, à moi ! Les voit-il
près de la trace il leur fait faire plusieurs tours et détours ; est-elle peu
sensible, il remarque l'endroit d'où
le change est parti, puis animant et
caressant ses chiens, il les recouple
jusqu'à ce qu'ils la découvrent distinc-
tement. A peine l'auront-ils jugée
qu'on les verra se lancer, se séparer,
se réunir, former des conjectures, se
les communiquer, déterminer la trace
reconnue, courir avec rapidité : mais
tandis qu'ils poursuivront avec cette
ardeur, que le chasseur se modere,
qu'il ne coure point sur leurs pas,

de peur que par rivalité ils ne dépas-
sent le lievre. Lorsqu'ils l'ont cerné
et qu'ils l'indiquent clairement, le
chasseur prendra garde que l'animal,
épouvanté par les chiens, ne sorte de
l'enceinte. Ceux-ci agitant leur queue,
se jetant les uns sur les autres, clabaudant, faisant mille et mille sauts,
levant la tête, tournant les yeux vers
le chasseur, lui découvrant ainsi la vérité, font lever le gibier, et se jettent
dessus en aboyant. Le lievre donne-
t-il dans les *arcus*, se sauve-t-il en passant ou à côté ou au travers, le garde-
filet l'indiquera par ses cris : si le lievre
est pris, on en cherche un autre ;
autrement on le poursuit avec les
mêmes cris qu'auparavant.

Lorsque les chiens sont fatigués de
la course, et qu'il est déja tard, le
chasseur doit continuer à chercher le
lievre qui est aussi très fatigué ; il visi-
tera d'un œil attentif ce que la terre
porte ou à sa surface ou au-dessus

de sa surface, allant, revenant souvent sur ses pas, de maniere que le
lievre ne lui échappe point ; car cet
animal se tapit ordinairement en un
petit réduit où le retiennent la fatigue
et la crainte : il amenera ses chiens,
les animera, flattera celui qui est d'un
caractere docile et lui parlera souvent ; il parlera peu à celui d'un caractere moins traitable, tiendra un
milieu à l'égard de celui qui n'est ni
docile ni cependant intraitable, jusqu'à ce qu'enfin il ait tué le lievre en
le poursuivant, ou qu'il l'ait fait tomber dans les *arcus*. Après cela on
levera les *arcus* et les *dictua*, on frot-
tera les chiens, et l'on reviendra de
la chasse. Si c'est à l'heure de midi,
en été, le chasseur s'arrêtera sous un
ombrage de peur que les chiens ne se
brûlent les pieds dans la marche.

CHAPITRE VII.

Procréation des chiens; éducation de la famille naissante; maniere de les former à la chasse.

En hiver, pendant l'interruption des
chasses, vous ferez couvrir les chiennes : avec du repos elles donneront,
au printemps, une bonne race ; c'est
pour elles la saison la plus favorable.
Elles sont en chaleur pendant quatorze
jours ; vous les présenterez bien reposées à des chiens de bonne créance
afin qu'elles conçoivent plus vîte : lorsqu'elles portent menez-les rarement à
la chasse, de peur que trop d'ardeur ne
cause un avortement. Le temps de la
gestation est de soixante jours.

Lorsqu'ils sont nés laissez-les sous
la mere ; gardez-vous bien de les mettre sous une autre chienne : un lait et
des soins étrangers nuiroient à leur
accroissement ; rien qui leur fasse autant de bien que le lait de leur mere,

que son haleine, que ses soins et ses tendres caresses.

Bientôt les jeunes chiens se porteront çà et là : continuez à leur donner, l'année entiere, du lait et un peu des aliments dont ils doivent vivre par la suite, mais rien de plus. Une trop abondante nourriture leur défigure les jambes, leur cause des maladies, nuit à leur conformation. Afin qu'il soit facile de les appeler, on leur donnera des noms courts : Psyché (1), Thymos, Porpax, Styrax, Lonchè, Lochos, Phroura, Phylax, Taxis, Xiphoon, Phonex, Phlegoon, Alcè, Teuchoon, Hyleus, Mèdas, Perthoon, Sperchoon, Orgè, Bremoon, Hybris, Thalloon, Romè, Anthée, Héba, Gètheus, Chara, Leusoon, Augè, Polys, Bia, Stichoon, Spoudè, Brias, Oinas, Sterros, Craugè, Kainoon, Tyrbas, Sthenoon, Aither, Actis, Aichmè, Noès, Gnomè, Stiboon, Hormè.

(1) Voy. notes du chap. VII, le sens de ces noms.

Ne menez les jeunes chiennes à la chasse qu'à huit mois, et les jeunes chiens à dix : ne les mettez point en liberté sur les traces du lievre qui gîte, mais suivez avec eux les chiens plus âgés qui quêtent, et ne leur permettez de courir sur les passées qu'en les tenant attachés à de grandes laisses. Le lievre est-il découvert, quelques dispos qu'ils soient, ne les lâchez pas aussitôt ; attendez qu'il ait pris assez d'avance pour qu'ils ne l'apperçoivent plus. En effet si, parcequ'ils sont dispos et pleins d'ardeur, on les laissoit courir lorsqu'ils voient le lievre, comme ils n'ont pas le corps assez formé, leur emportement les épuiseroit. Que le chasseur y prenne garde.

On sera moins sévere pour les chiens qui paroissent peu propres à la course ; désespérant eux-mêmes de prendre le gibier, ils ne s'exposeront point. Vous laisserez les jeunes chiens plus libres sur les traces du lievre coureur ; nul inconvénient à ce qu'ils le cherchent jusqu'à ce qu'enfin ils le trouvent : lorsque l'animal sera pris vous le leur donnerez pour la curée.

Si, au lieu de se tenir près des filets, ils se dispersent, rappelez-les jusqu'à ce qu'ils s'accoutument à trouver le lievre à la course ; le cherchant toujours séparément et sans guide, ils finiroient par ne plus frayer avec les autres chiens, ce qui seroit une habitude vicieuse.

Tant qu'ils seront jeunes c'est près des filets que vous leur donnerez à manger, dès qu'ils auront fait lever le lievre, afin qu'ils y reviennent, si, faute d'expérience, ils s'égarent à la chasse : ce soin deviendra superflu lorsqu'ils donneront sur la bête avec emportement, car alors ils s'y intéresseront plus qu'à leur manger.

Le chasseur lui-même donnera la nourriture au chien ; en effet qu'elle lui manque il n'en connoît point la cause , mais qu'il la reçoive lorsque la faim le presse, il s'attache à qui la lui donne.

~~~~~~~~~~~~~~~~~~~~~~~~~~

CHAPITRE VIII.

Chasse au lievre en hiver.

CHASSEZ le lievre lorsqu'il a neigé assez pour couvrir la terre ; mais s'il reste quelque place à nu , il sera plus difficile à trouver. Neige-t-il par un vent de bise, la neige ne fondant qu'a-vec lenteur, les traces resteront long-temps visibles ; si le vent est au midi et que le soleil luise par intervalles , les traces dureront peu , parceque la neige fond. Tombe-t-elle continuel-lement, il n'y a point de chasse à faire, parceque la neige recouvre les traces. Il en est de même par un grand vent , car en emportant la neige il
~~~~~~~~~~~~~~~~~~~~~~~~~~

efface aussi les traces : il seroit donc inutile de sortir avec les chiens, puisque la neige leur brûle le nez et les pieds, et que le froid excessif dissipe l'odeur du lievre.

Dans de telles circonstances, que le chasseur muni de filets sorte avec un autre homme ; il ira le long des montagnes, loin des terres labourées ; et dès qu'il aura trouvé la trace, il la suivra.

Est-elle entrecoupée, il fera plusieurs tours, allant, revenant sur ses pas, cherchant où se termine la marche du lievre, car cet animal tracasse beaucoup ne sachant où s'arrêter ; il est d'ailleurs habitué à ruser, il sait que c'est toujours sur sa trace qu'on le poursuit. Dès qu'on l'a découverte on avance ; elle conduira vers des lieux fourrés et escarpés, dans l'intérieur desquels les vents ne portent point la neige, ce qui laisse beaucoup de gîtes au lievre ; c'est aussi ce qu'il cherche.

Lorsque ses pas tendent vers ces lieux n'en approchez point , de peur de le faire lever , mais tournez-le ; on doit croire qu'il est là ; on en sera convaincu dès que l'on ne verra pas de traces opposées. Est-on sûr qu'il y est on le laisse , car il ne quittera pas son gîte ; puis on en cherche un autre en calculant si, dans le cas où l'on en trouveroit, il restera encore assez de temps pour dresser les filets. Le temps suffit-il , on fera ce qui se pratique dans les endroits couverts de neige ; on enfermera chaque lievre , quelque part qu'il soit, dans une enceinte de filets. L'enceinte formée on approchera pour le lancer : s'il s'en échappe suivez-le à la piste ; il ira vers les lieux fourrés , à moins qu'il ne se blottisse dans la neige.

Faites donc en sorte de découvrir

5.

sa retraite, et ceignez-la de filets : s'il ne cherche pas d'asyle, courez sur lui ; vous le prendrez même sans filets ; il se lassera bientôt au milieu de ces neiges profondes qui s'attachent à ses pieds velus où elles forment une masse.

CHAPITRE IX.

Maniere de chasser les faons et les cerfs. Pieges ; leur description ; la maniere de s'en servir.

Pour chasser les faons et les cerfs on se servira de chiens de l'Inde ; ils sont forts, grands, rapides, et courageux ; avec ces qualités ils peuvent soutenir la fatigue. On chassera les jeunes faons au printemps, saison où ils naissent. Le chasseur ira d'abord à la découverte dans les bois où il y a le plus de cerfs ; et s'il en voit il y reviendra avant le jour, ayant avec lui un valet de chiens, une meute et des javelots. Ses chiens seront tenus en laisse loin du bois, de peur qu'ils n'aboient à la vue du cerf. Pour lui il se tiendra en observation. Dès que le jour paroîtra il verra les biches amener leurs faons vers le lieu où chacune doit gîter le sien. Elles se coucheront et les allaiteront en regardant de tous côtés si elles ne sont point vues ; elles se retireront ensuite , et se posteront en avant de leurs petits pour les garder. C'est alors qu'il découplera les chiens. Muni de javelots il ira droit où il a apperçu le premier faon couché ; il se rappellera les lieux de peur de méprise. Vus de près leur aspect change, on les croiroit tout au-autres que vus de loin.

Lors donc qu'il aura reconnu le faon il s'en approchera : l'animal restera tranquille, s'appuiera contre terre , bramera, et se laissera prendre , s'il n'est pas refroidi par la rosée ; car lorsqu'il est refroidi il ne demeure pas en place ; en effet l'humidité qui le pénetre , venant à se condenser, le fait partir. Les chiens le prendront en poursuivant avec ardeur. On le donnera au garde-filet ; l'animal jettera de grands cris : la biche qui le verra et l'entendra accourra sur celui qui le tient et cherchera à délivrer son faon : c'est là le moment d'animer les chiens et d'employer les javelots. Maître du faon on ira droit aux autres en usant des mêmes moyens.

Voilà comme on prend les jeunes faons : ceux qui sont plus âgés donnent de la peine parcequ'ils vont viander avec leurs meres et avec d'autres cerfs. Poursuivis, ils se retirent au milieu ou en avant de leurs hordes, rarement en arriere. Les cerfs alors défendront leurs petits , fouleront les chiens aux pieds ; et la victoire deviendra incertaine , à moins que l'on ne pénetre au milieu d'eux et que l'on n'isole quelque jeune cerf en dispersant les vieux.

Cette disposition ainsi effectuée les chiens resteront en arriere à la premiere course, parceque le faon, consterné de l'éloignement de la horde, court avec une incroyable vîtesse; mais à la seconde et à la troisieme course, leurs corps, trop jeunes encore, ne soutenant point la fatigue, ils se rendent bientôt.

On tend aussi des pieges aux cerfs dans les montagnes, autour des prairies, près des ruisseaux, des bocages, dans les bivoies, dans les terres labourées, dans tous les lieux dont ils approchent. On fera les pieges de branches d'ifs entrelacées et dépouillées de leur écorce, afin qu'ils ne pourrissent point : les couronnes de forme ronde seront garnies dans leur tissu de clous de fer et de bois, en opposition les uns aux autres. Que les

clous de fer aient plus de longueur,
pour qu'ils serrent les pieds de l'animal tandis que ceux de bois céderont.
Le spart ne pourrissant point, on en
tissera le cordeau et le collet que l'on
posera sur la couronne ; mais que le
collet et le cordeau soient roides : le
bois de chêne ou d'yeuse qu'on y
adaptera, garni de son écorce et de
l'épaisseur d'une paume, aura trois
empans de longueur.

Pour poser ces pieges on fera en
terre une fosse ronde de cinq paumes de large, qui, à sa bouche, égale à
la couronne des pieges, ira en se rétré-
cissant peu-à-peu par le bas; l'on prati-
quera encore dans la terre une autre
ouverture assez grande pour y placer
dans une ferme assiette et le cordeau
et le bois qui y tient: cela fait on posera
de niveau la partie inférieure du podostrabe ; quant au collet du cordeau
on le placera autour de la couronne :
le cordeau et le bois étant ainsi chacun

à sa place , on mettra des branches d'épine sur la couronne , de sorte qu'elle n'en passe point la circonférence , et l'on jonchera les branches d'un feuillage léger, celui de la saison. Sur la superficie on répandra ensuite de la terre de la fosse , et par-dessus d'autre terre plus solide, tirée d'un endroit éloigné , afin de mieux cacher le piege à la biche. Quant au reste de la terre non employée vous l'emporterez loin du piege ; car si l'animal sent une terre fraîchement remuée , et il le sent tout de suite, il conçoit des soupçons.

Sur les montagnes , le chasseur accompagné de ses chiens pourra chasser toute la journée ; mais le point du jour est le moment le plus favorable. Dans les terres labourées, il commencera avant le jour ; sur les montagnes , vu la solitude des lieux , on prend le cerf et la nuit et en plein jour : dans les terres labourées, c'est la nuit ; le

jour la présence des hommes l'ef-
fraie.

Dès que vous trouverez le piege
renversé poursuivez la bête, décou-
plez les chiens, animez-les, observez
sur la traînée du bois la route qu'a prise
le cerf; pour l'ordinaire elle est visi-
ble. Des pierres auront été déplacées,
le bois dont le piege est garni aura sil-
lonné les terres cultivées; des parcel-
les de ce bois se remarqueront sur les
pierres si l'animal a traversé des lieux
âpres; la poursuite en deviendra plus
facile. Est-il pris par un de ses pieds
de devant, bientôt il sera estropié, le
bois lui blessera tout le corps et la face:
le collet du cordeau tient-il à l'un
de ses pieds de derriere, le bois qu'il
traîne nuira aux mouvements de tout
son corps. Quelquefois aussi le piege
s'embarrasse dans des branches fourchues de la forêt, et c'en est fait de
l'animal, à moins qu'il ne brise le cordeau. Ainsi pris ou excédé de fatigue

n'en approchez pas si c'est un mâle ;
il frapperoit et de son bois et de ses
pieds ; de loin lancez-lui des javelots.
L'été, vous les prendrez même sans podostrabes à la course ; bientôt épuisés ,
ils s'arrêtent et s'offrent à tous les
traits : se voient-ils acculés près de la
mer ou de quelque riviere , dans leur
désespoir ils s'y précipitent ; quelquefois ils tombent essoufflés.

CHAPITRE X.

Chasse du sanglier. Haches , arcs , javelots , épieux ,
massues , employés à cette chasse , image de la
guerre.

Pour la chasse du sanglier il faut
des chiens de l'Inde , de Crete , de
Locrie , de Lacédémone ; des *arcus,*
des javelots , des épieux et des pieges.
On ne prendra point au hasard des
chiens de cette espece si on les veut

en état d'attaquer cette bête : les *arcus*
seront de même lin que ceux employés
pour le lievre ; on composera le cordeau de trois cordelettes de quarante-
cinq brins, et chacune des trois cordelettes aura quinze brins ; du haut du
filet en bas. Faites dix nœuds et que
l'ouverture de chaque maille soit d'une
petite coudée ; les péridromes auront
une fois et demie la grosseur des cordelettes de l'*arcus* ; le filet des extrémités aura des anneaux que l'on passera dans les mailles ; le bout des péridromes sortira à travers les anneaux ;
quinze suffiront.

On emploiera toute sorte de javelots
munis d'un fer large, bien tranchant,
et d'une hampe d'un bois dur. Les
épieux auront le fer de cinq paumes
de long. Au milieu de la douille on
mettra de fortes traverses de cuivre ;
et les hampes seront de bois de cor-
mier de l'épaisseur d'une javeline.
Les podostrabes auront la même force

que pour le cerf. Que les chasseurs se
tiennent ensemble, puisque même
avec beaucoup d'hommes on prend difficilement la bête. Exposons à présent
quel usage on fera de tout cet appareil.

Arrivé au lieu où l'on présume que
s'est retiré le sanglier on menera les
chiens avec précaution; on tiendra tous
les chiens en laisse, à l'exception d'un
chien de Lacédémone, qu'on lâchera et
que l'on accompagnera dans ses tours
et détours. Dès qu'il aura trouvé le
pas, on le suivra, il guidera le train
de chasse; quantité d'indices dirigeront
le chasseur : dans les terrains mou-
vants, c'est le pas ; ce sont les branches brisées dans les bocages épais ;
dans les grandes forêts, ce sont les
coups de défense que le sanglier donne
au bois (1).

Ce chien de Lacédémone ira quê-
tant dans les endroits boisés ; c'est là

(1) Ce que fait le sanglier pour aiguiser ses crochets.

qu'est le plus souvent la bauge du sanglier; ces endroits chauds en hiver, sont frais en été. Arrivé au repaire le chien aboie; le sanglier pour l'ordinaire reste couché.

On rapellera le limier pour le remettre en laisse avec les autres à une grande distance de la bauge, puis on tendra les *arcus* aux différents passages, en jetant les mailles sur les branches fourchues du bois qui peuvent servir de support : on prolongera ces filets, on leur donnera des soutiens, en garnissant les deux côtés de branches d'arbres. Qu'il y ait un grand jour à travers les mailles, de maniere que l'animal qui arrive en courant voie clairement au-delà. Quant au péridrome, on le fixera à de gros arbres, et non à des buissons qui abondent dans les lieux non cultivés. De chaque côté vous boucherez avec des broussailles, même les entrées diffici-

les, afin que le sanglier coure dans les
arcus sans se détourner.

Quand vous aurez bien tendu vos
filets vous rejoindrez les chiens pour
les lâcher tous , et vous avancerez vers
la bête armé d'épieux et de javelots:
on mettra à la tête des chiens un des
chasseurs qu'on jugera le plus expérimenté ; les autres le suivront en ordre
et à de grands intervalles afin de laisser au sanglier un passage suffisant : en
effet si le sanglier trouvoit sur son
passage plusieurs personnes ensemble,
elles courroient risque d'être blessées;
il décharge ordinairement sa fureur
sur le premier qu'il rencontre.

Lorsque les chiens seront près de la
bauge ils donneront dessus : le sanglier
troublé se levera, fera sauter en l'air
le premier chien qui se portera sur
lui, et dans sa course tombera dans
les filets : s'il ne s'y jette pas on le
poursuivra : le lieu où l'arrête le filet

6.

va-t-il en pente , il s'élancera ; si c'est
en plaine , il se tiendra ferme sur ses
jambes , portant autour de lui ses regards.

Dans ce moment les chiens le serreront de près ; les chasseurs se tiendront
sur leurs gardes en lui lançant des
javelots et des pierres ; ils l'inves-
tiront par derriere et à une certaine
distance , jusqu'à ce que son impétuosité le jette sur les *arcus*. Alors,
l'épieu à la main , le plus expérimenté
et le plus fort des veneurs ira le frapper en tête : si , malgré les attein-
tes des javelots et des pierres, il ne
donne point dans les filets , s'il se
détourne pour revenir sur celui qui
l'affronte et le tournoie , il faut alors
s'avancer sur lui avec un épieu , se
tenant ferme, la main gauche en avant,
la droite en arriere ; car c'est la gauche
qui dirige le coup , et la droite qui le
porte. Le pied gauche sera sur la même
ligne que la main gauche, le droit sur

celle de la droite. Vous porterez le coup
en n'écartant les jambes que du pas de
la lutte, et vous tournerez le côté gauche dans la direction de la main gauche.
On observera ensuite et le regard de
l'animal, et jusqu'au moindre mouvement de sa tête.

Lorsqu'on voudra le frapper de l'é-
pieu on prendra garde que par un
mouvement de tête il ne fasse sauter
l'arme des mains ; le coup manqué il
est aussitôt sur l'homme. En pareil
cas il faut se jeter le visage contre
terre, se tenant fortement à ce qu'on
y rencontre. La bête, vu la courbure
de ses défenses, n'attaquera point en
dessous le corps du chasseur ainsi couché ; s'il se tenoit droit il seroit in-
failliblement blessé : elle essaie, il est
vrai, de relever l'homme ; si elle ne
le peut elle le foule aux pieds.

Il n'est qu'un moyen de salut, c'est
que l'un des chasseurs s'approche, un
épieu en main, pour irriter l'animal,

feignant de se retirer , mais ne se re-
tirant pas en effet , de peur qu'il ne
revienne sur le corps de son compa-
gnon renversé. Le sanglier se voyant
harcelé quittera le chasseur qu'il tient
sous lui, et se retournera furieux
contre celui qui l'irrite ; l'autre alors
se relevera d'un saut , et n'oubliera
pas en se relevant d'avoir l'épieu à
la main; il ne peut en effet se sauver
honorablement que par la victoire. Il
l'attaquera de nouveau comme auparavant, dirigeant son fer vers la gorge,
entre les deux omoplates , et enfonçant le fer de toute sa force. L'animal
furieux se lancera en avant. Si les traverses du fer de la lance ne l'arrê-
toient il se précipiteroit le long de la
hampe même , il arriveroit à la main
de celui qui tient l'arme.

La force de l'animal est telle qu'on
ne peut se l'imaginer : au moment où
il meurt , du poil approché de ses
défenses se crisperoit , tant elles sont

brûlantes ! lorsqu'il est vivant et qu'on l'irrite elles sont de feu , témoin les poils des chiens dont il consume les extrémités quand il manque son coup. On éprouve ces difficultés et quantité d'autres lorsqu'on·prend le verrat : si c'est une laie, on courra dessus , on la frappera en prenant garde d'être renversé d'un coup de son arme; on seroit inévitablement foulé et mordu. Qu'on se garde donc de tomber: en vient-on là, on se relevera comme on l'a dit en parlant du verrat ; une fois relevé on frappera l'animal de son épieu jusqu'à ce qu'on l'ait tué.

On prend encore ainsi le sanglier. On lui tend des filets aux passées , aux bois sacrés , aux forêts , aux vallées, aux endroits escarpés : il se lance quelquefois dans les lieux humides , dans les marais et autres lieux aquatiques : le garde-filet tiendra un épieu en main tandis que les autres meneront les

chiens ch rchant les passages les plus
commodes. Bientôt on découvre l'a-
nimal, on le chasse : s'il tombe dans
les filets, celui qui les garde ira dessus
l'épieu en main, prenant les posi-
tions indiquées ; sinon qu'on le pour-
suive.

On le prend aussi durant les exces-
sives chaleurs en le chassant avec les
chiens ; quoiqu'extrêmement fort, il
perd bientôt haleine et se rend. Il
périt beaucoup de chiens dans cette
sorte de chasse ; les veneurs courent
eux-mêmes des dangers. L'animal,
aux abois, se retirera ou dans l'eau,
ou près d'un endroit escarpé, ou
dans une forêt d'où il ne veut pas
sortir. Comme alors ni filet ni rien
autre chose ne l'empêche de se ruer
sur celui qui l'approche, ils se verront
forcés de l'attaquer à coups d'épieux ;
ils l'affronteront alors, ils déploieront
cette bravoure qui leur a fait embrasser
une profession si pénible ; ils se servi-

ront de l'épieu , et tiendront le corps dans la position que j'ai prescrite ; et s'il arrive accident ce ne sera pas faute d'avoir fait ce qu'il falloit.

On tend aussi des pieges aux sangliers comme aux cerfs et dans les mêmes lieux ; on se tiendra de même en observation ; les poursuites seront aussi les mêmes ; on l'abordera avec les mêmes précautions : l'épieu sera pareillement employé.

On lui enleve difficilement ses petits ; il ne les abandonne pas à euxmêmes qu'ils ne soient grandis : lorsque les chiens les ont découverts , ou que les premiers ils ont apperçu les chiens , ils s'enfoncent aussitôt dans les bois où les suivent le pere et la mere , redoutables alors , puisqu'ils combattent plus pour ces petits que pour eux-mêmes.

CHAPITRE XI.

Chasse des lions, des pardalis, des lynx, des panthers et des ours.

LES lions, les pardalis, les lynx, les panthers, et autres semblables animaux, se prennent dans les contrées étrangeres, sur le mont Pangée, dans le Cittus situé au-delà de la Macédoine, ou sur l'Olympe de Mysie, ou sur le Pinde, ou sur le Nisa situé au-delà de la Syrie, et autres montagnes qui peuvent leur fournir leur pâture. Dans les montagnes on les prend avec un appât préparé d'aconit ; les difficultés des lieux ne permettent pas d'autre chasse : à cet appât, que l'on jette le long des eaux et dans tout autre endroit dont ils approchent, on mêle ce qui est du goût de chacun de ces animaux.

Ceux d'entre eux qui descendent de

nuit dans la plaine , s'y trouvent en-
fermés par une troupe de gens à cheval, et armés, qui s'en rendent maîtres,
mais non sans danger. Quelquefois on
fait pour les prendre de grandes fosses
rondes , laissant au milieu une élévation de terre qui forme une espece de
colonne depuis le fond de la fosse jusqu'à la superficie. Aux approches de
la nuit on y pose une chevre qu'on y
attache : l'on forme autour de la fosse
une enceinte circulaire de branchages,
qui cache l'intérieur de la circonférence, et l'on ne laisse aucune entrée.
Ces animaux, au bêlement de la chevre
pendant la nuit, viennent roder autour de ces bois qui bouchent la fosse,
mais ne trouvant pas d'entrée, ils s'é-
lancent dedans et sont pris.

CHAPITRE XII.

Dans ce chapitre, qui traite de l'excelleuce et de l'utilité de la chasse , Xénophon se permet contre les sophistes de son temps une sortie vive, qui pourroit au premier coup-d'œil paroître un peu déclamatoire. Qu'il me soit permis, pour l'intelligence de ce chapitre et du suivant , de renvoyer mes lecteurs au commencement de la préface.

Je viens d'exposer tout ce qui concerne les travaux de la chasse . d'un exercice dont les partisans retireront de si grands avantages. Ils se procureront une bonne constitution ; ils auront la vue meilleure , l'oreille plus sensible; ils vieilliront moins ; sur-tout ils se formeront au métier de la guerre. Chargés de leurs armes, auront-ils à traverser des sentiers difficiles, ils ne se décourageront point ; ils supporteront la fatigue par l'habitude qu'ils en auront contractée en poursuivant la bète ; ils pourront dormir sur le lit le plus dur ; ils seront gardiens fideles. Quand il s'agira de marcher à l'ennemi, de mettre des ordres à exécution, vous les trouverez prêts ; l'habitude de tuer des bêtes les y aura dressés. Placés en tête de l'armée, ils n'abandonneront pas leurs rangs, parcequ'ils sont habitués à la persévérance. L'ennemi est-il en déroute, ils le poursuivront droit et intrépidement sur toute sorte de terrain, la chasse les y a familiarisés. L'armée de leur patrie éprouve-t-elle un échec, ils sauront, sur des terrains couverts de broussailles et escarpés, et en d'autres lieux de difficile accès, se sauver honorablement eux-mêmes, et sauver aussi les autres ; l'expérience leur aura fourni beaucoup de ressources. En effet, dans une déroute presque générale, plus d'une fois de tels hommes, voyant le vainqueur égaré sur un terrain désavantageux, sont revenus à la charge, et, grace à une forte constitution et à leur intrépidité, ils l'ont mis en fuite.

La fortune est la compagne ordinaire de ceux qui joignent une ame forte à un corps robuste. Aussi nos ancêtres, convaincus que c'étoit de cet exercice qu'ils tiroient tous leurs avantages contre les ennemis, l'ont-ils fait entrer dans l'éducation de la jeunesse. Dans les premiers temps où ils n'avoient que de foibles récoltes, ils pensoient néanmoins qu'il ne falloit pas défendre la chasse, parceque le chasseur n'en veut pas aux productions de la terre. De plus une loi fixoit, pour la nuit, le nombre de stades au-delà duquel les particuliers ne pouvoient s'éloigner de la ville, de peur que les amateurs de la chasse ne fussent privés de gibier. Ils voyoient que ce plaisir seul faisoit le plus grand bien aux jeunes gens, celui de les rendre réservés et justes, en les élevant à l'école de la vérité ; ils comprenoient qu'ils devoient leurs succès militaires à la chasse ; que, bien différente de ces plaisirs honteux qui ne demandent pas d'étude, elle n'interdit aucune des occupations honnêtes auxquelles on voudroit se livrer. C'est donc elle qui forme les bons soldats et les bons généraux ; car les excellents citoyens sont ceux à qui de nobles travaux épargnent les signes d'une déshonorante débauche, et dont l'ame pure ne connoît que l'ambition de la vertu. De tels hommes souffriroient-ils jamais ou injustice commise envers leur patrie, ou ravage exercé sur leur territoire ?

Quelques personnes diront peut-être : Il ne faut point se passionner pour la chasse dans la crainte de négliger ses affaires domestiques. C'est ignorer qu'on les administre encore mieux en servant son pays et ses amis. Si le chasseur se rend essentiellement

utile à sa patrie, se peut-il qu'il né-
glige ses affaires, lorsque les fortunes
particulieres sont si intimement liées
à la fortune publique, que l'on sert
tout à la fois et sa patrie et ses propres
intérêts?

Parmi ceux à qui l'envie suggere
ces objections, il en est qui aiment
mieux périr victimes de leur lâcheté
que de devoir leur salut à la valeur
d'autrui. Les vils plaisirs qui les ty-
rannisent les égarent dans leurs discours et dans leurs actions ; leurs
discours inconsidérés engendrent les
haines ; leurs actions criminelles ap-
pellent sur leur tête, sur celle de leurs
enfants et de leurs amis les maladies
de toute espece et la mort même. Qui
pourroit confier le salut public à des
êtres abrutis dans le désordre, et plus
sensibles que les autres aux titilla-
tions de la volupté?

On se trouve sûrement à l'abri de
tous ces maux en favorisant l'exercice

que je préconise. En effet, la bonne
éducation du chasseur lui apprend à
respecter les lois , à faire de la justice
le sujet de ses entretiens , à mériter la
réputation d'homme probe. Il est donc
bien vrai que ceux qui se livrent à un
travail continu , et qui aiment à s'in-
struire en se formant à de laborieux
exercices, sauvent encore leur patrie ,
tandis que ceux qui , par crainte du
travail , se refusent à l'instruction , et
vivent au sein d'une funeste volupté ,
sont des êtres abjects. Indociles à
toute juste remontrance , ils méprisent
les lois ; ennemis du travail , ils n'ont
nulle idée de ce que doit être l'homme
de bien, en sorte qu'ils ne peuvent être
ni religieux ni sages; et comme ils manquent d'instruction , ils blâment ceux
qui en ont reçu. Avec de tels hommes
rien ne prospere , tandis qu'avec les
secours des honnêtes gens , la société
possédera la source du bonheur. D'où
je conclus qu'on doit préférer ces der-

niers. J'ai donné dans un grand exemple la preuve de cette vérité. Ce fut
en consacrant à la chasse les premières années de leur vie, que ces anciens
disciples de Chiron dont j'ai déja parlé
acquirent tant de belles connoissances:
de là cette éclatante vertu qui excite
à présent encore notre admiration.

Tout le monde sans doute rend
hommage à la vertu ; mais comme elle
ne s'acquiert que par de pénibles travaux, beaucoup l'abandonnent : ils
ignorent s'ils réussiront, et ne voient
que ce qu'il leur en coûtera de peine.

Si la vertu avoit un corps, peut-
être la négligeroient-ils moins, persuadés qu'ils en seroient vus, comme
ils la verroient elle-même. Lorsqu'on
est près de l'objet que l'on aime, on en
devient meilleur, dans la crainte d'être
vu ; mais dans la pensée que la vertu
n'observe pas leurs actions, les hommes s'en permettent ouvertement de
blâmables et de criminelles. Ils ne la

voient pas, et cependant immortelle et par-tout présente, elle honore les bons qui la réverent, et flétrit les méchants. Oui, s'ils savoient qu'elle les regarde, ils iroient au-devant de ces travaux et de cette instruction qui seuls la captivent; ils obtiendroient toutes ses faveurs.

CHAPITRE XIII.

Sortie contre les sophistes. Pour l'intelligence de ce chapitre et du précédent, voir le commencement de la préface.

J'ADMIRE, en vérité, ces gens qu'on appelle sophistes, qui prétendent pour la plupart guider la jeunesse vers la vertu, tandis qu'en effet ils l'égarent. Voyons-nous un homme que les sophistes de nos jours aient rendu vertueux; offrent-ils au public un ouvrage dont la lecture rende nécessairement

l'homme meilleur? combien, au contraire, n'ont-ils pas publié d'écrits frivoles qui amusent inutilement la jeunesse sans lui présenter aucun trait de
vertu, qui d'ailleurs dérobent à l'instruction des moments qu'on croyoit
lui donner, détournent des études solides, et n'enseignent que des menson-
ges? Je leur reproche donc fortement
des torts aussi graves. Je blâme encore les expressions recherchées
dont fourmillent leurs écrits, tandis
qu'ils n'offrent pas un seul principe
capable de former les jeunes gens à
la vertu. Je ne suis qu'un esprit ordinaire, mais je n'ignore pas que la premiere instruction de l'honnête homme
vient de la nature; après elle consul-
tons les sages qui ont de véritables
lumieres, mais non ceux qui ne pos-
sedent que l'art de tromper.

Peut-être mon style est-il dépourvu
d'élégance; mais je ne suis point ja-
loux de cet avantage. J'ai à cœur de

tracer ici les leçons nécessaires à ceux que l'on forme à la vertu : or ce ne sont pas les mots, ce sont les principes solides qui instruisent.

Je ne suis pas le seul qui reproche, je ne dis pas aux philosophes, mais aux sophistes du jour, de ce qu'ils s'occupent des mots, et nullement des choses. Je sais combien il est avantageux de présenter des ouvrages méthodiquement écrits; aussi par là même sera-t-il plus facile de prouver aux sophistes leur futilité. Si j'écris d'une maniere suivie, c'est pour éviter des erreurs, pour former des hommes bons et sages, et non des sophistes ; car je veux que des écrits soient aussi utiles qu'ils le paroissent, de sorte que jamais on ne puisse les réfuter. Nos sophistes, au contraire, ne parlent, n'écrivent que pour tromper, que pour s'enrichir; ils ne sont utiles à personne, car il n'y eut jamais, il n'y a même actuellement encore aucun sage parmi eux ; il leur suffit d'être appelés sophistes, dénomination flétrissante du moins parmi les hommes qui pensent.

J'exhorte donc à se tenir en garde contre les préceptes de ces maîtres orgueilleux, et à ne point rejeter les saines réflexions des vrais philosophes. Les sophistes ne courent qu'après les riches et les jeunes gens : accessibles à tous, amis de tous, les philosophes ne reglent ni leur estime ni leur mépris sur la fortune.

N'imitez point ces hommes qui cherchent à s'agrandir aux dépens du public et des particuliers ; soyez convaincus que les honnêtes gens se reconnoissent à des actions vertueuses et à une vie laborieuse, tandis que les méchants n'ont que de vicieuses affections, et qu'on les reconnoît aux traits les plus honteux. Spoliateurs des fortunes publique et particuliere, ils sont les plus préjudiciables des

hommes au salut commun, et n'ont,
s'il faut prendre les armes, que des
corps épuisés, déformés, incapables
de supporter la fatigue.

Les chasseurs, au contraire, pré-
sentent toujours à la république des
corps robustes et des ressources pé-
cuniaires. Ils font la guerre aux bêtes
tandis que les autres la font à des concitoyens. En marchant contre des
amis, ceux-ci sont généralement détes-
tés; ceux-là s'honorent en poursuivant
des animaux féroces. S'ils s'en rendent
maîtres, ils ont vaincu des ennemis :
en est-il autrement, on leur sait gré
d'abord de ce qu'ils attaquent les ennemis de la patrie, ensuite de ce qu'ils
le font sans intérêt pour eux-mêmes,
comme sans préjudice pour autrui ;
d'ailleurs leurs efforts mêmes les rendent et plus vertueux et plus habiles.
Pourquoi ? c'est ce que nous allons
démontrer.

S'ils n'étoient pas infatigables, s'ils

ne se distinguoient pas par leur vigi-
lance et leur sagacité , feroient-ils du
butin ? Des animaux sont bien forts
quand ils combattent pour leur vie ,
dans leur propre retraite : le chasseur
prendroit donc des peines inutiles s'il
ne les surpassoit en activité et en intelligence.

Ceux qui veulent dominer dans leur
pays , ne cherchent qu'à subjuguer
des amis ; des chasseurs, au contraire,
n'en veulent qu'à des ennemis communs ; l'exercice même auquel ils se
livrent les rend plus aguerris contre
d'autres adversaires , tandis que l'exercice des premiers ajoute encore à leur
dépravation. Le butin des uns récompense leur prudence ; celui des autres
est le fruit d'une honteuse audace : les
premiers méprisent tout gain sordide ,
toute action lâche ; les autres n'ont
pas ce courage : ceux-ci annoncent
dans leur discours la générosité de leur
ame , le discours décele la turpitude

de ceux-là : il n'est pas de frein à l'impiété des uns , les autres sont pénétrés de respect pour la divinité. Si l'on en croit une antique tradition , même les dieux aiment, soit à chasser eux-mêmes , soit à se rendre spectateurs de cet exercice. Si donc les jeunes gens se rappellent mes conseils , et qu'ils s'y conforment , ils seront religieux et respectueux envers les dieux, persuadés qu'il les ont pour témoins ; ils feront la joie des auteurs de leurs jours, le soutien de leur patrie, de leurs amis, de leurs concitoyens. Les hommes adonnés à la chasse ne sont pas les seuls qui aient obtenu une réputation de vertu ; dans ce nombre on comprend aussi des femmes qu'Artémise rendit chasseresses , Atalante , Procris, et d'autres.

NOTES

SUR LES CYNÉGÉTIQUES.

Nota. L'indication de la page et de la ligne est relative à la traduction seulement : ceux qui voudront consulter l'édition grecque de Zeune retrouveront aussi, dans tout le cours de mes notes, sa division par chapitres et par paragraphes.

NOTES DU CHAPITRE I.

Page 1, ligne 1. L*A chasse est une invention d'Apollon.* Xénophon va traiter un sujet agréable : il évitera la sécheresse du ton didactique ; il parlera le langage des poëtes. Ce ne sont pas de simples mortels qui ont inventé la chasse ; Apollon et Diane, en voilà les auteurs (1) ; Céphale, Esculape, Nestor, Pélée, Ulysse, Hippolyte,

(1) Voyez Poll., préface du livre V de son Onom.

Castor, etc.; voilà les disciples de cet art que les anciens appeloient le plaisir des héros.

Au reste, dans son langage poétique, Xénophon est encore historien. On sait que les anciens, soit Grecs, soit Romains, rapportoient toujours à une divinité l'invention d'un art quelconque. Oppien se conforme à cet usage lorsqu'il dit (1) : « Jadis un « dieu fit présent aux mortels de trois « sortes de chasses ». « Je chante les « dons des immortels, dit Gratius, cet « art qui (2) porte la joie dans l'ame « du chasseur ». « O toi, dit Némé- « sien dans une poëtique invocation à « Diane, ô toi qui promenes tes loi-

(1) Voyez Oppien, Cyn., liv. I, v. 47, et Alieut., liv. II.

(2) *Dona cano divûm, lætas venantibus artes.* Dans son élégante traduction Delatour a reporté l'épithete de *lætas* à *dona*; transposition permise : mais *doux* présent des immortels rend-il bien *lætas*, qui peint la joie du chasseur ? *Lætas* est là pour *quibus gaudent venantes.*

8.

« sirs dans le calme des forêts, Phébé,
« la gloire de Latone, parois sous tes
« atours accoutumés, arme ta main
« d'un arc, suspends à tes épaules un
« carquois brillant et garni de fleches
« dorées. »

Voyez aussi l'excellente traduction
de Callimaque par Fr. Dutheil, hymne
en l'honneur d'Artémise.

P. 2, lig. 1, §. 2. *Céphale... Achille.*
Parmi les héros que nomme Xénophon, nous ne trouvons ni le nom de
Persée ni celui d'Orion. Le premier,
selon Oppien (Cyneg., liv. 2), fut le
premier chasseur; l'autre, fécond en
ruses, imagina cette chasse nocturne
qui surprend le gibier au milieu des té-
nebres. Sur Persée voyez Ératosth.,
Catast., chap. 15, 16, 17, 22; et sur
Orion, Érat., Cyr., Catast., chap. 32.

Ibid., lig. 17. §. 4. Ζευς γαρ. Ici Leunclave, Zeune, etc. commencent une
phrase; ce qui est évidemment fautif:
ce γαρ est particule servant de déve-

loppement au membre précédent, *qu'on ne s'étonne pas de ce que*, etc... *car*.

Ibid., lig. 18, §. 4. Chiron, fils de la nymphe Naïs. Pindare (Pyth., l. III, v. 1) appelle Chiron Φιλλυριδαν, doriquem. pour Φιλλυριδην, fils de Phillyre. Voyez Apollod., liv. I, chap. 5 ; Servius, liv III, Geor. 91 ; Argon. d'Apoll., liv. II.

Υστερον, η ώς. Ώς manque dans le manuscrit B, mais se trouve dans le manuscrit A. Je pense que l'on doit conserver cette particule, et traduire avec Zeune, *Mortuus est posteriùs quàm ubi Achillem docuerat*.

P. 3, lig. 5, §. 6. *Esculape*. Xénophon enchérit sur les mythologues en mettant l'inventeur de la médecine au rang des chasseurs. Il est cependant probable qu'éleve du centaure Chiron, il partagea son goût pour la chasse.

Ibid. Θεος ώς, *étant dieu*. Le célebre Brunck propose (voyez préf. des memor. du célebre Schneider) θεος ὡς, *comme s'il étoit un dieu.* Cette leçon, que je ne vois ni dans l'un ni dans l'autre de mes manuscrits, peut très bien se défendre, puisqu'Esculape n'est pas un dieu ancien, qu'Hésiode ne le place point dans sa Théogonie, et que d'ailleurs Homere n'en parle que comme d'un simple mortel; il l'appelle αμυμων ιητηρ, *le médecin accompli.*

Ibid., lig. 7. *Ressusciter les morts:* τεθνεωτας, *ceux morts tout récemment.* L'aoriste au lieu de ce parfait n'auroit pas dit la même chose. Voyez p. 32 et 33 de ma grammaire grecque, et ch. X, 17.

Ibid., lig. 9. §. 7. Μελανιων. Sur Mélanion le scholiaste d'Euripide sur les Phœn. écrit Μελανιων : mais je trouve Μειλανιων dans mes deux manuscrits, et c'est ainsi qu'écrivent Musée et d'autres poëtes. Properce (lib. I, 1, 9) suit ces derniers, puisqu'il écrit Milanion. On sait que ει se prononçoit ι.

et que souvent les Latins écrivoient les mots grecs comme ils se prononçoient.

Ibid., lig. 10. Φιλοπονια, *par de constants efforts.* Le manuscrit **A** porte φιλοπονιας, le manuscrit B φιλοπονια. Je préfere la derniere leçon, comme plus conforme au génie de la langue. Υπερεχειν veut le nom de la personne au génitif, et à l'ablatif celui de la chose. Zeune cite un passage de Properce qui rend la pensée de notre auteur : *Milanion nullos fugiendo, Tulle, labores sævitiam duræ contulit Iasides.*

Ibid., lig. 13. *Atalante.* 'l y a eu deux Atalante; l'une fille de Schœnée, roi de Scyros, l'autre de Jasius. Laquelle des deux épousa Mélanion? D'après l'autorité de Properce, du scholiaste d'Euripide, et de Musée, Zeune se déclare pour la seconde opinion. Voyez Hyg. fab., 99, et l'illustre M. Heyne, exc. 6; Virg., t. II, p. 357.

P. 4, lig. 1, §. 9. Αλκαθου, *d'Alcathoüs.*
Dans le manuscrit B je lis Ελκαθου. S'il
s'agit ici d'Alcathoüs fils de Pélops
(Ovid., A. A. II, 421), il faut, dit
Zeune, écrire Αλκαθου, ou plutôt Αλ-
καθοου. Voyez Homere, Il., v. 500.

Ibid., lig. 1. Il y a quatre Péribée.
Homere (Od., H, v. 58) fait mention
d'une Péribée fille d'Eurymedon. La
nôtre est fille d'Alcathoüs. Voyez
Soph., Aj. Mastig., 576; Pind., Isth.
VI, v. 65; Apoll., III, 25; Diod.
S., 4; Paus., I, 17 et 42; Plut., vie
de Thes. et parall., 27; Hyg. fab., 97;
Schol. d'Hom., Iliad., XVI, v. 14.

Ibid., lig. 2. Cette grande cité, selon Brodeau, c'est Athenes. Il s'agit
de l'Élide, selon Fr. Port.

Εβουλετο. Le manuscrit A porte εβου-
λευετο, et en marge εβουλετο.

Ibid., lig. 3. Ησιονην. Junt et Ald.
Ισιονην, comme dans le manuscrit A.

§. 10. Μελεαγρος. Voyez Il., I', v. 530
et suiv.

Τας μεν τιμας ἁς ελαβε, pour αἱ μεν τιμαι ἁς ελαβε Μελεαγρος φανεραι, sous-entendu εισιν ; locution imitée par les Latins. Ainsi Tér., And., act. I, sc. 1, v. 20 , *Quas credis esse has non sunt veræ nuptiæ :* ainsi Virg., Én. liv. I, v. 573, *Urbem quam statuo vestra est.* Zeune.

Επιλανθανομενου se lit dans les deux manuscrits, et me semble tout aussi bon que επιλαθομενου, préféré par Zeune, qui l'a trouvé en marge d'un exemplaire de l'édition d'Estienne, exemplaire qui avoit appartenu à un savant, et qu'il cite souvent. Voyez Homere, Il., I', v. 529.

Αὐτου dans mes deux manuscrits.

Ibid., lig. 11. Εχθρους. Les ennemis communs sont Sciron et Procruste. Z.

Ibid., lig. 14, §. 11. Ce fut Hippolyte, dit Oppien , II, 24 , qui enseigna le premier aux humains l'art de tendre les *arcus* et les filets tortueux.

Εν λογοις ην. Brodeau dit que quelques manuscrits portent εν λογοις συνκν.

Je le trouve aussi dans le manuscrit A, mais seulement en marge, et sans être accompagné du signe critique $\gamma\rho$.

Ibid., lig. 17. Παλαμηδης. Xénophon, dans l'apologie de Socrate, accuse Ulysse de la mort de Palamede ; ici il avance le contraire. N'expliquera-t-on pas cette contradiction apparente en disant que dans le premier traité il parle comme historien, et en poëte dans celui-ci? Voulant faire l'éloge de la chasse, il cite les personnages illustres qui se sont livrés à cet exercice. Ulysse étant de ce nombre, admettra-t-il la tradition qui fait de ce héros le meurtrier de Palamede?

Palamede est appelé σοφος, qui signifie ici, non *sage*, mais *habile*. On appeloit σοφοι non seulement les poëtes et les artistes distingués, mais encore les artisans, les matelots, les cultivateurs qui se distinguoient dans leur état. Xénophon, liv. III des Cyn., appelle σοφας des chiens intelligents. Voyez le célèbre Meiners, Hist. des

Sc. dans la Grece, t. I, p. 295 et suiv.

Palamede méritoit bien le nom de σοφος : c'est à lui en effet qu'on attribue l'invention du dez à jouer qu'il consacra à Argos dans le temple de la Fortune (sur cet usage voir le célebre Meiners, t. I, p. 53), du jeu des astragales ou osselets, des lettres Z, Π, Φ, et X, des poids, des mesures. (Voy. Suidas, et Hyg., fab.) Ce fut aussi lui qui apprit aux Grecs l'art de ranger les troupes en bataille, de poser des sentinelles, et de leur donner ce que nous appelons la consigne et le mot du guet. Philost. Her., c. 10. — Phot., epist. 142. — Pausan., X, c. 31. — Polyd. Virg., l. I, c. 6. — Plin., l. VII, c. 56. — Schol. Eurip. in Phæn. — Servius ad Virg., l. II., AEn., v. 81. — Martial, l. XIII, epigr. 75. — Manilius, l. IV, v. 205.

§. 10. Υφ' ὧν. Quelques uns entendent ὧν d'Ulysse seul, ce qui seroit par énallage. L'interprétation que j'ai adoptée me semble plus naturelle. Ο μεν ὁ δε s'entendent, je crois, l'un d'Agamemnon, l'autre d'Ulysse. Il appelle le premier αγαθος : ὁμοιος αγαθοις, épithete du second, dit moins que αγαθος, de même que ὁμοιος κακοις dit moins que κακος. Voyez Philoct. de Sophoc., v. 1372.

Ibid., lig. 19, §. 13. Ulysse. Selon Io. Saresb. Policrat., l. I, c. 4, ce fut Ulysse qui inventa la chasse au vol. Z.

P. 6, lig. 4, §. 14. Του πατρος ὑπεραποθανων. Homere, dit Zeune, raconte bien qu'Antiloque, fils de Nestor, fut tué au siege de Troie par Memnon, fils de Tithon et de l'Aurore (voyez Il., Δ, 188, *Ibid.*, 199, et Od., Γ, 3); mais qu'il soit mort pour son pere, c'est ce que je ne vois ni dans Homere ni dans aucun autre écrivain. Assertion inexacte; car Pindare, 6ᵐᵉ Pythique, loue Antiloque de cette tendresse filiale qui lui fit

braver la mort pour son pere, Αντιλο-
χος... ὁς ὑπερ εφθιτο πατρος (v. 28 et
seq.). Le récit de Pindare ne s'accorde
pas avec celui d'Homere, livre VIII de
l'Iliade, où nous voyons Nestor se-
couru, non par son fils Antiloque,
mais par Diomede. Mais du moins
est-il vrai que la tradition de Xénophon est appuyée d'une autorité, celle
de Pindare, qui, parmi les différentes
traditions sur un fait, me semble toujours choisir la plus accréditée.

§. 17. Ἡς οἱ μεν. Leçon du manuscrit
B, de Junte et autres anciens éditeurs. — Ὧν οἱ μεν, manusc. A et Ald.
Leçon approuvée d'Est. et de Leunc.
J'ai cru devoir préférer avec Zeune la
premiere leçon, en construisant τοιϑ-
τοι avec ὡστε. Ceux qui lisent ὧν le rap-
porteront à l'antécédent τοιουτοι.

Ει τῳ. Le manuscrit A porte en
marge ει τινι, qui sûrement n'est
qu'une glose de τῳ.

Η πολει η βασιλει. Le manuscrit B

porte *η πολεις η βασιλεις*, leçon très in-telligible.

~~~~~~~~~~~~~~~~~~~~~~~~~~~~~~~~

NOTES DU CHAPITRE II.

§. 1. Εκ *τουτων*... *εξ ὡν*. Εξ ὡν doit se construire, non avec *τα αλλα*, mais avec *εκ τουτων*. Sur l'excellence de la chasse, qui étoit chez les anciens une véritable image de la guerre, voyez chap. XII.

§. 2. Τιμην εχοντα n'étant qu'une conjecture, j'ai cru devoir respecter la leçon *τον μεν εχοντα*, qui, loin de troubler le sens, ainsi que le prétend Zeune, me semble au contraire exquise. Xénophon donne le conseil de se livrer à la chasse et aux autres exercices ; mais comme les riches seuls pouvoient suivre le conseil en entier, il le restreint par ces mots, *τον μεν εχοντα*, leçon de mes deux manuscrits.
~~~~~~~~~~~~~~~~~~~~~~~~~~~~~~~~

§. 2. Ἀξίως της αυ7ου ωφελειας. Αὐ7ου
étant là pour ἑαυ7ου, je mets l'esprit
rude. J'ai pendant quelques moments
été tenté de lire αὐ7ων, sous-entendu
παιδευμα7ων, leçon approuvée de Zeune : mon respect pour mes deux manuscrits l'emporte.

Ω δε μη εσ7ιν, sous-entendu ουσια
ἱκανη. Zeune.

§. 3. Εϖ' αυ7ο, sous-entendu το εϖι-
7ηδευμα των κυνη[εσιων. Zeune.

§. 4. Χρη δε τον μεν αρκυωρον εϖιθυ-
μουν7α του ερ[ου. Cette leçon de Brodeau, approuvée par Est. et Leunc.,
qui l'indiquent en marge, et par
Zeune, qui l'a fait passer dans le
texte, n'est point celle du manuscrit
B, qui porte, χρη δε τον μεν αρκυων εϖι-
θυμουν7α του ερ[ου. (Au lieu de τον le
manuscrit B porte των.) Zeune con-
damne la transposition du mot ερ[ου,
qui régit αρκυων. Mais combien d'autres hyperbates plus fortes dans les
poëtes et dans les prosateurs qui, tels

9.

que Xénophon, adoptent fréquemment les formes poétiques.

Ειναι. En marge du manuscrit A je
lis, τον μεν αρκυωρον ειναι επιθυμουντα
του ερ[ου, και την φωνην Ε...

Την φωνην ελληνα. Pourquoi Grec de
langue? Seroit-ce ici jactance nationale, ou croyoit-il la langue du chasseur tellement perfectionnée en Grece
qu'un Grec seul pût s'occuper digne-
ment de la chasse? ou plutôt Grec de
langue n'est-il pas synonyme de *Grec
de nation?* Cette seconde interprétation me semble la seule véritable. C'est
ainsi que chez nous nous appelons
Languedocien, non le Français qui
parloit la langue d'*Oc*, mais le Languedocien même, mais l'habitant même
du pays où se parloit cette langue
d'*Oc*. Des commentateurs, le seul
qui ait cherché à expliquer ces deux
mots, le docte Zeune, les juge inin-
telligibles. Voyez Opp., Cyn., I, 81.

§. 5. Υφεισθωσαν. Dans les deux manuscrits ὑφεισ]ωσαν.

§. 6. Τα δε ενοδια δωδεκαλινα. Notre auteur donne aux *arcus* neuf brins, douze aux *enodia*. N'auroit-il donc rien dit du nombre des brins qui doivent entrer dans la composition du *dictuon ?* N'y a-t-il pas ici une lacune? dit Jungermann : n'est-il pas infiniment probable qu'après δωδεκαλινα Xénophon a écrit, τα δε δικ]υα ἑκκαιδεκαλινα? Pollux offrant la même leçon, et l'ayant sans doute puisée dans un manuscrit de Xénophon, la conjecture de Jungermann me sembloit pour le moins ingénieuse. Disons à présent qu'elle offre la véritable leçon, puisqu'elle se trouve confirmée par le manuscrit A, qui la donne en marge avec le signe critique γε. Sur les *arcus, enodia, dictua,* voy. vol. des mélanges.

Των βρ°χων το διασ]ημα ι. τ. α. *La*

largeur des mailles à celles des arcus, c'est-à-dire de deux palestes. Voyez p. 9 de la traduction.

§. 7. Μασ]ους, περις... σ]ροφ... Voy. ma dissertation sur les filets, vol. des mélanges.

§. 9. Πεν]ασπιθαμοι. Dans mes deux manuscrits πεν]ασπιθαμον, leçon qui rend probable la conjecture de Zeune, proposant πεν]ε σπιθαμων.

Σταλιδων. Estienne et d'autres éditeurs proposent σχαλιδων, que le manuscrit A indique en marge ainsi que σ]αλικων.

Ησυχη. H et υ se prononçant ι, on conçoit pourquoi on lit κσηχη dans Junte, Ald., et dans la premiere édition d'Estienne.

Εν ἑκα]εροις, dont Viger ne parle pas dans ses idiotismes, n'indique-t-il pas que dans le sac on plaçoit, non pêle-mêle, mais séparément, ou alternativement un *arcus* et un *dictuon?*

Κυνουχος μοσχειος, *un sac de peau de*

veau. Lorsqu'il s'agit d'un sac de peau de veau, pourquoi Xénophon se sert-il d'un mot dont l'étymologie indique un sac de peau de chien? dirons-nous que les anciens retenoient les premiers noms qu'ils donnoient aux choses, quoiqu'elles eussent changé ou de forme ou de nature? Cette réponse ne satisfera pas tous les esprits. Interrogeons Riviere.

Ce docte hébraïsant nous répondra (voyez son petit lexique) que κυνεη est le mot oriental GNH, *couverture, abri, défense*, et, par extension, *chapeau, bonnet, casque*, et en général tout ce qui couvre, tout ce qui enferme. Quand cette couverture étoit de peau de bœuf c'étoit κυνεη ταυρειη; κυνεη αιγειη quand elle étoit de peau de chevre; κυνεη χαλκηρης (1) quand elle étoit d'airain.

En admettant ce radical, κυνουχος

______

(1) Voyez Iliade, XXIII, v. 861.

μοσχειος ne signifiera plus littéralement *une bourse*, *un sac* ou *coffre de peau de chien de veau*, mais, ce qui est plus raisonnable, *sac* ou *coffre de peau de veau*.

NOTES DU CHAPITRE III.

GRATIUS (Cyn., vers 154) compte parmi les chiens de nombreuses especes, *mille canum patriæ*. On en comptoit trois principales à Lacédémone (Miscel. Lacon., l. III, c. 1). La premiere, la plus vantée, provenoit d'un chien et d'une chienne de Lacédémone ; la seconde d'un chien de Lacédémone et d'un Molosse. Horace (épode VI.) les préconise dans ces vers :

> Nam, qualis aut Molossus aut fulvus Lacon,
> Amica vis pastoribus.

La troisieme, la moins estimée, provenoit d'un chien de Lacédémone et d'un renard, en grec αλωπηξ. Voyez Arist., A, l. VIII, c. 28.

Xénophon, dans ce chapitre, n'en nomme que deux, les Alopécides et les Castorides. Les Alopécides provenoient-ils du chien et du renard femelle, ou de la chienne et du renard mâle? c'est ce que nous ignorons absolument. Nous sommes encore plus embarrassés sur la définition des Castorides. Thémistius (oratio I), pour nous la donner, renvoie à Xénophon, qui, en cet endroit, est aussi obscur pour nous qu'il étoit intelligible pour les Grecs. Hésychius nous apprend que c'étoit une espece de chien, ειδος τι κυνων. Nicandre de Colophon, cité dans Pollux (V, 40), les appelle Alopécides, c'est-à-dire qu'il ne fait qu'une espece de deux especes distinguées par notre auteur. Pour nous, sans chercher à définir les especes, tâche peut-être impos-

sible à remplir, nous nous bornerons
à dire que les uns et les autres étoient
des chiens de Laconie. Nulle difficulté pour les Alopécides ; nous avons le
témoignage d'Aristote, H, A, l. VIII,
c. 28. Quant aux Castorides, Castor,
fils de Léda, ayant été nourri, élevé et
formé dans Pellene, ville de Laconie,
à tous les exercices des Spartiates, ne
sommes-nous pas fondés à les ranger
dans la classe des chiens de Laconie ?
Ne pouvons-nous pas en dire autant
des chiens Ménélaïdes (voyez Poll.,
l. V, 37), puisque Ménélas avoit
été roi de Lacédémone ; des chiens
amycléens, puisqu'Amyclée étoit une
ville voisine de Lacédémone ; des
chiens du Taygete et des Cynosu-
rides (voyez Callim. de Spanh. t. II,
p. 238), dont les premiers rappellent
le nom d'une montagne fameuse en
Laconie, et les autres celui d'une tri-
bu du même pays ?

§. 3. Ασ7ομοι, sous-entendu εισιν, attribut de γρυποι. Zeune.

Τον λαζω. On dit λαζως, ου, et λαζως, ω, acc. λαζων ou λαζω.

Χαροποι. Voyez vol. des mélanges, dissertat. sur la description du chien.

Μυωποι δε και χαρωποι, sous-entendu οι, que l'auteur a omis, dit Zeune, par une heureuse négligence.

Σκληραι τα ειδη, sous-entendu καλα, *ceux à poil rude.* Pollux réprouve les chiens σκληραι τας αυχενας, *duri collum*, qu'il faut sans doute prendre dans le sens d'Horace, *ad tactum tractanti dura resistit.* Σκληραι τα ειδη s'expliquera comme ισχυραι τα ειδη du chapitre IV, §. 2, que Pollux, l. V, c. 62, commente par φανουνλαι ισχυραι, *paroîtront forts,* ou *seront forts à la vue.*

Χαλεπως απαλλατ7ουσι. *Se tirent difficilement, se tirent mal de la chasse.* Cet idiotisme se rencontre souvent dans Thucydide, dans Hérodote, et dans tous les bons écrivains. Απαλλατ-7ειν, dit le célebre Reiske dans son index de Démosthene, signifie *sortir bien ou mal d'une affaire.* Χειρον ημων απηλλαχασι. 246, 7. — Αλλα τουτων και πολυ βελτιον απηλλαχα7ε. 488, 15.

Πονειν δε αδυν... Ποιειν, manuscrit B.

Σωμα7α. Ομμα7α, manuscrit A, et σωμα7α en marge. J'ai préféré le dernier, qui se trouve dans le manuscrit B et dans Pollux.

Αρινοι se trouvant dans les deux manuscrits, et d'ailleurs αρινοι et αρινες étant tous deux usités, je pense avec Zeune qu'il faut rejeter αρινες d'Estienne. Xénophon, au paragraphe précédent et chapitre IV, §. 6, se sert de αρινες : ici αρινοι fera variété.

§. 4. Αυ7ων κυνων. Αυ7ων, qui manque dans les anciennes éditions, se trouve dans mes deux manuscrits.

Ιχνευουσιν. Ιχναιευουσιν, manuscrit A.

Ακρα δε τη ουρα σειουσιν, leçon des deux manuscrits. Brodeau veut ακρα της ουρας. Leonicenus adopte la même leçon, que je vois en marge du manuscrit A. Ακραν δε την ουραν σειουσιν, leçon proposée par Leunc. Ακρα δε τη ουρα σαινουσιν, Estienne.

§. 5. Επισκυθρωπασκται. Επισκυθρωπασαι, manuscrit B.

Σχασασαι την ουραν. Le manuscrit B porte σχουσαι την ουραν, leçon très plausible.

§. 6. Αισθησεις. Ils dissipent le sentiment, c'est-à-dire la trace qui se fait sentir.

§. 7. Σοφας. Σοφος en parlant d'un chien : ce mot n'a donc pas toujours signifié *sage*. Voyez chap. I, §. 10, au mot Palamede.

Ανειρζουσι θορυβουσαι... Ανειϊζουσαι θορυβουσαι, manuscrit B.

Ψευδη, sous-entendu ιχνη.

Τριμμων. Κρυμνων, manuscrit A, et

en marge τριμμων, que je préfere parcequ'il se lit dans le manuscrit B et
dans Pollux.

P. 15, lig. 19, §. 8. Ευναια... δρομαια. « Rangez dans la même classe
« les chiens à qui échappent les traces
« du gîte, et qui sautent par-dessus
« les passées du lievre coureur ». De
ces deux mots grecs le premier s'entend des traces du lievre allant à son
gîte. Comme elles se conservent plus
long-temps, parcequ'en allant à son
gîte le lievre imprime ses pas sur sa
route, le chien qui ne les reconnoit
pas est mauvais chasseur. Δρομαια s'entend des traces du lievre qui court,
soit parcequ'il est lancé hors de son
gîte, soit parcequ'il est lievre coureur. Xénophon, Buffon, et Valmont
de Bomare reconnoissent des lievres
de cette derniere espece. Voici comme
le premier s'exprime :

« Le lievre qui gîte, ὁ ευναιος, choi-
« sit en hiver des lieux abrités; les

« ombrages pendant les chaleurs; au
« printemps, en automne, les lieux
« exposés au soleil. Il n'en est pas de
« même du lievre coureur ; οἱ δὲ δρο-
« μαιοι ουχ οὕτω ». (chap. V, §. 9.)

« Les lievres des montagnes (même
« chap., §. 17) courent plus rapide-
« ment que ceux de la plaine ; ceux
« des marais sont plus lents : mais on
« prend difficilement les lievres er-
« rants, οἱ πλανῆται, car ils connois-
« sent les chemins courts. ».

« En général, dit Buffon (p. 113,
« t. VII, in-12.), tous les lievres qui
« sont nés dans le lieu même où on
« les chasse ne s'en écartent guere ; ils
« reviennent au gîte, et, si on les
« chasse deux jours de suite, ils font
« le lendemain les mêmes tours et dé-
« tours qu'ils ont faits la veille. Lors-
« qu'un lievre va droit et s'éloigne
« beaucoup du lieu où il a été lancé,
« c'est une preuve qu'il est étranger,
« et qu'il n'étoit en ce lieu qu'en pas-

« sant. Il vient en effet, sur-tout dans
« le temps le plus marqué du rut, qui
« est aux mois de janvier, de février,
« et de mars, des lievres mâles qui,
« manquant de femelles en leur pays,
« font plusieurs lieues pour en trou-
« ver, et s'arrêtent auprès d'elles; mais
« dès qu'il sont lancés par les chiens,
« ils regagnent leur pays natal et ne
« reviennent pas ». Voilà bien, du
moins dans quelques circonstances,
des lievres δρομαιοι et πλανηται... Valmont de Bomare, à l'article du lievre,
reconnoît aussi des lievres *errants*.
(Voyez à l'article du lievre.)

Le savant Vlitius prétend que ευναια
et δρομαια s'entendent toujours des
traces de l'animal qui va à son gîte ou
qui s'en éloigne ; ce qui ne me paroît
point exact, puisque le lievre coureur, loin de s'éloigner de son gîte
lorsqu'il est poursuivi, et qu'il laisse
sur la terre ιχνη δρομαια, retourne au

contraire à son gîte. Je traduis δρομαια
ιχνη, ainsi que Vlitius, par *cursoria
vestigia*, mais avec cette différence,
que Vlitius le restreint au pas du lievre
partant de son gîte, au lieu que j'entends le même mot du lievre soit partant de son gîte parcequ'il est lancé,
soit regagnant son pays natal et son
gîte, d'où par conséquent il ne part
pas. Vlitius appelle Leonicenus misé-
rable interprete, parcequil traduit ευναια ιχνη *vestigia cubitu impressa:*
Léonicenus se trompe; mais Vlitius
est-il plus exact lorsqu'il compare ευναια et δρομαια à l'*aditus* et *abitus* de
Virgile, *quà scilicet fera ad cubile
accesserit, et quà inde abierit?* (Voyez
Gratius, v. 242, et Nemesianus, v.
235.) Qu'on ouvre Virgile, et qu'on
lise. (Virg., Enéid., liv. XI, v. 765.

Μαλακιαν, d'où probablement vient
le mot français *maladie*, signifie *défaut d'ardeur, foiblesse, défaut d'ap-*

pétit. Ainsi dans Lucien (voyez mon Coq, p. 34) μαλακως εχον7α, *étant malade.*

§. 9. ΚεκραϜυιαι. ΚεκλαγϜυιαι en marge du manuscrit A.

§. 10. Θεουσαι. Θεουσιν manuscrit A, et en marge Ϝεουσαι. — Θεουτιν, manuscrit B.

Δοξαζουσαι. Δοξαζουσι, manuscrit A.

Εκκινουσι. Εκκυνουσαι, manuscrit A. — Εκκυνουσι, *per vestigium se interosculantur. Leonic.* — Zeune observe avec justesse que εκκινουσιν παρα το ιχνος est la même chose que με7αθιουσι du même paragraphe.

Δια τελους. Δια7ελουσι συμπαρ.. manuscrit B.

§. 11. Εχουσι. Εχουσαι, manuscrit B.

Οιας δε δει. Οιους δε δη ειναι, manuscrit A, qui porte οιας en marge. Δη au lieu de δει n'étonnera pas ceux qui savent que ει et η se prononçoient de même. — Οιους δε, et, après ce mot, δη au-dessus de la ligne et de la même main.

~~~~~~~~~~~~~~~~~~~~~~~~~~~~~~~~~~~~

NOTES DU CHAPITRE IV (1).

§. 2. ΕΣΟΝΤΑΙ ισχυραι τα ειδη. Voyez chap. III, §. 3, à la note σκληραι τα ειδη. Fr. Port. construit ειδη avec ελαφραι, traduit *specie agiles*, et ajoute qu'il soupçonne une faute; il voudroit lire η καλαι τα ειδη, η τα ειδη συμμετροι.

§. 3. Ιχνευετωσαν. Ιχνευστωσαν, manuscrit B.

§. 4. Των σωματων, manuscrits A et B. Henri Estienne, à qui ce pluriel paroît un peu dur, propose σηματων; mais σωματων n'est peut-être pas plus insolite ici que τα σωματα du chap. VI, §. 16. — Σχηματων dans le manuscrit

(1) Le premier paragraphe tout entier se trouve au volume des mélanges, sous le titre de *Description du chien.*
~~~~~~~~~~~~~~~~~~~~~~~~~~~~~~~~~~~~

Taur. — Σημαɫων plaît beaucoup à Vlitius, qui rapproche ce mot de ασημως πορευσνɫαι du chap. III, §. 4. — Pollux n'a employé ni σωμαɫων ni σημαɫων, mais ομμαɫων, que Gesner remplaceroit volontiers par σωμαɫων.

Εμϐλεμμαɫων των. Au lieu de των ɩɯɩ ɫας x. Brodeau annonce *vetus exemplar*, un vieux manuscrit qui porte ɩɩς την υλην xαɩ αναɕɫϱɛμμαɫων των ɛπɩ της xαθɩδϱας, ce que Zeune regarde comme une glose.

§. 5. Μɛɫαɫɩθɛɫωσαν. Cette leçon de mes deux manuscrits, qui d'ailleurs est celle des anciennes éditions, a été changée en μɛɫαθɛɩɫωσαν par Estienne, Wels, et Zeune lui-même; changement très gratuit, ce me semble.

Επαναxλαγɣανουσαι. Ce mot, mal traduit jusqu'ici, s'entend très bien, dit Vlitius (Gratius, v. 231), du chien qui, sans aboyer, fait entendre cependant des sons entrecoupés, ce que l'on appelle glapissement, *qui aliqua*

gannitu et fractæ, quasi vocis elisio-
ne, gaudia sua testatur.

§. 6. Ευψυχοι. On verra qu'ils ont
de *l'ame*, si, dans les grandes chaleurs, ils ne quittent point la chasse.
Arrian, liv. XIV, ch. 1, veut qu'on
les mene à la chasse le printemps et
l'automne, mais raremeut en été.

Προσηλιοις, *exposés au soleil;* car la
chaleur dissipe les atomes odorants
dont leur trace étoit empreinte.

Του αστρου επιοντος, *pendant la cani-*
cule, ou *lorsque le soleil est dans toute*
sa force; ce qui me paroît plus vrai.

Τη αυτη ωρα, *dans le même temps,*
c'est-à-dire lorsque le soleil est dans
toute sa force. Ωρα signifie la *beauté,*
le *temps propre,* le *temps convenable,*
le *temps* en général, *époque, saison,*
le *printemps.*

Ευποδες, qu'ils ont *bon pied,* si,
dans la même saison, leurs pieds ne se
fendent pas... *Ob duritiem soli.* Z.

Ευτριχες, leur *poil* sera *bon* s'ils l'ont

fin, épais, et mollet. Pollux, liv. V, ch. 10, et Arrian, liv. VI, ch. 1, sont parfaitement d'accord avec Xénophon.

P. 21, lig. 14, §. 7. Τα δε χρωμαῖα, *quant à la couleur* des chiens, il faut qu'elle ne soit ni rousse ni noire, ni tout-à-fait blanche ; ces couleurs annoncent un animal sauvage, et non de bonne race. Les couleurs blanches ou noires, κυανεαι, dit (1) l'imitateur de Xénophon, le poëte Oppien (Cyn., liv. I, p. 427 et suiv.), sont viles ; les chiens de ce poil ne peuvent supporter long-temps ni l'ardeur du soleil, ni les rigueurs de la saison des neiges. L'on préférera ceux qui, par la couleur ou la forme, ressemblent aux bêtes cruelles, aux loups meurtriers des brebis, aux tigres légers, aux renards, aux rapides pardalis, ou à ceux qui portent la couleur de Cérès et du fro-

______

(1) Sur κυανος, voyez volume des mélanges, chapitre IV, paragraphe 1, au mot ομμαῖα.

ment, σιλοχροοι; ils sont robustes et prompts à la course (1).

Il paroît, d'après Xénophon, Op-pien, et Pollux, que les chiens d'une seule couleur n'étoient point estimés. Callimaque fortifie cette conjecture en nous apprenant que des chiens donnés en présent à Diane par le dieu des bergers, deux étoient à demi-noirs, ἡμισυ πηſους, et un tacheté, αιολον. Je sais que πηſους (2) signifie *blanc* ou *noir* dans Hésychius. Mais, dans l'un ou l'autre sens, on a toujours la preuve qu'on n'aimoit pas une seule couleur dans un chien. Selon Arrian (liv. VI, ch. 1), les couleurs sont indifférentes,

(1) Voyez la note de Belin sur le vers 451, Cyn. I.

(2) Selon les racines orientales de Riviere (voyez son lexique), πηſος signifieroit toujours *obscur, sombre, noir*; explication plus raisonnable, et qui me semble la seule convenable à tous les pas-sages où je vois employé le mot πηſος. C'est de πηſος que vient le latin *pix*, poix, et *piceus*, de poix, couleur de poix, noir, noirâtre. Voyez Span-heim, v. 90, hymne à D.

et l'on ne regardera pas comme vulgaire un chien d'une seule couleur
sans mélange. Mais de quel poids peut
être une opinion contredite et par les
anciens et par les modernes? « On a
« égard au poil pour les chiens », dit
l'Encyclopédie (article *chien*).

Μηριαιαις. Voyez §. 1 de ce chapitre.

§. 9. Καθαρως. *Sine impedimentis
quæ objiciuntur a vestigiis hominum.*
Zeune. — *Nullis dumis, nullo cœno
impedientibus.* Fr. Port. — *Expeditè.*
Leonic. — *Absque impedimentis li-
quidò.* Leuncl. — Je le traduis, *sans
obstacle.*

§. 10. Τραχεα. Avant ce mot un ren-
voi en marge du manuscrit A. Εις,
qu'on y propose, ne peut être qu'une
scholie. Un lecteur peu exercé hésite-
ra, non ici, mais dans quelques endroits, tels que, οσμας αγοντες της γης,
sous-entendu εκ.

§. 11. Αγεσθωσαν. Sur le temps où il
faut mener les chiens à la chasse, voy.

Poll., liv. V, ch. 6, et Arrian ci-dessus, au mot ευψυχοι.

~~~~~~~~~~~~~~~~~~~~~~~~~~

NOTES DU CHAPITRE V.

§. 1. ΔIA το μηκος, *ob longitudinem quâ fit ut altiùs imprimantur longè procedunt.* Brodeau.

Οζει αυτων pour ή οσμη οζει απ' αυων. Voyez Lamb. bos. ellip., p. 250. Denys d'Halic. Arch., 10, 2. Andoc. de Lysias au commencement, et ci-dessous, §. 7.

§. 2. Επαναφερομενα. Force des prépositions επι et ανα à remarquer. Eπι, *à la suite de* cette action des rayons du soleil sur la glace, l'odeur de la trace, d'abord condensée, s'éleve de terre, ανα, *jusqu'à* leurs narines qu'elle vient saisir. Voilà, je crois, le vrai sens de ces deux prépositions qui font image.

Οσμας αζονες της γης, *odores humi*
~~~~~~~~~~~~~~~~~~~~~~~~~~

afferentes, F. Portus. — *Eductis ter-
ræ odoribus*, Leunc. Leonicenus a
très bien compris que γης étoit régi,
non par οσμας, mais par la préposition
εκ, *ex*.

Αλυπα dans mes deux manuscrits.
— Αλυτα, ancienne édition. — En traduisant *septentrionalis tempestas verò, si serena fuerit, contrahit ac ser-
vat*, Leonicenus ne rend ni αλυπα ni
αλυτα. Leunclave rend bien αλυπα par
si sæva non fuerit.

Συνιστησι. Le manuscrit A porte συνοι-
στησι; altération facile à expliquer pour
qui sait que οι et ι se prononçoient de
même.

P. 24, lig. 10 et 11, §. 4. Σελ͂ηνη. Les
anciens attribuoient à la lune une chaleur humide, d'où ils déduisoient son
influence sur tous les corps sublunai-
res. Quantité de cultivateurs croient
encore à cette influence. Un physi-
cien moderne d'Italie a cru apperce-
voir aussi quelque chaleur réelle dans

les rayons de la lune; d'autres n'en ont point encore apperçu. (Voy. Plutarq., Symp., liv. III, probl. 10; Macrobe, Saturn., VII, 16; Banquet des savants d'Athénée)

Pour prouver que les rayons de la lune n'ont point de chaleur, il suffit d'en réunir les rayons au foyer d'une lentille; un thermometre, même très sensible, porté à ce foyer, n'annonce aucun changement de température.

Ibid., lig. 10. Χαίροντες. « On les voit « au clair de la lune, dit Buffon « (t. VII, in-12, p. 108), jouer en- « semble, sauter, et courir les uns « après les autres ». Xénophon célebre aussi leurs jeux : il en décrit de plus les effets d'une maniere vraiment pittoresque, que ma version rend bien imparfaitement. Επαναρρίπτοντες μακρα διαιρουσιν αντιπαιζοντες. En lisant ces quatre mots, en prononçant ces longs composés, quel est le lecteur qui ne se représente pas et leurs jeux folâtres,

11.

et leurs sauts, et les grandes lacunes qu'ils laissent dans leurs passées, et la joie fugitive de ces animaux. Ils ne vivent, pour ainsi dire, que la nuit; mais, comme ils profitent de la protection de la lune, qui se plaît à éclairer leurs amusements de sa lumiere argentine, alors ils ne courent pas, ils ne sautent pas, ils se jettent çà et là, επαναρριπτουντες, ils se livrent au plus doux abandon, ils se poursuivent les uns les autres, ils jouissent de leur bonheur jusqu'à ce que le bruit d'une feuille vienne les troubler. Je ne sais si je m'abuse, mais je vois dans Buffon l'historien d'un fait connu; Xéno phon me montre tout à la fois le naturaliste, le poëte, et le peintre.

Επαναρριπτουντες, composé de trois mots : επι, *par-dessus*, ανα, signifiant *de bas en haut*, ou *réitération*, et ριπτω, *jeter*.

Διαιρουσιν. Force de la préposition δια, qui change la signification du simple. Voyez Poll., V, 67. Αντιπαιζοντες : αντι exprime la rivalité.

Αλωπεκες. Sur les ruses du renard chassant le lievre, voyez Ælien, Hist. des animaux, XIII, 11.

§. 5. Το εαρ κεκραμενον τη ωρα. (Poll., V, 49.) Que faut-il entendre par cette traduction littérale, *ver temperatum horâ?* Zeune ne l'apprend pas par cette scholie, τη κρασει του αερος. Fr. Portus traduit, *ver propter cœli temperiem;* Leonicenus et Leunclave, *ver propter anni temperiem;* le savant Riviere dérive ce mot, selon sa coutume, de la langue orientale, et, suivant lui, il signifiera *beauté*, *heure* ou *révolution*, l'*heure* ou le *temps* proprement favorable, *printemps*, l'*été*, enfin *chaleur;* acception qui convient à merveille au passage de Xénophon.

Ceux qui rejettent les racines orientales comme chimériques adopteront le sens de Gallien (liv. II de Alun.): « ωραν *appellant anni tempus in cujus*

« *medio caniculæ exortus contingit,*
« *quodque est* XL *dierum. Hoc utique*
« *tempore fructus omnes quos* ωραιους
« *proveniunt* ». — Καλως se construira
bien avec κεκραμενον. — Leonicenus le
rapporte à λαμπρα, et traduit *valde ;*
Leunclave le construit de même avec
λαμπρα, et traduit *satis.*

Εξανθουσα. La préposition εξ peint
très bien les fleurs sortant du sein de
la terre dont elles sont la parure.

Ibid., lig. 24 et suiv. Λεπτα δε κ...
exigua. Elle est en été *foible* et peu
marquée, parcequ'alors la terre em-
brasée supprime (το θερμον) les émanations déposées par l'animal. Το θερμον,
littéralement, signifie *le chaud, la
chaleur ;* mais ce mot, pris à la lettre,
n'offriroit qu'une idée absurde ; car la
chaleur est bien la cause du dévelop-
pement des émanations, mais diffère
des émanations elles-mêmes.

Εχουσιν. Zeune reproche à Leonicenus de traduire *habet* comme s'il avoit

lu ἐχει. L'édition grecque de Bâle in-folio porte *habet ;* mais dans celle in-8°, qui est toute latine, je vois *habens,* ce qui me porte à croire que Leonicenus n'a point fait de contre-sens ; qu'il avoit écrit *habent,* et qu'ensuite les imprimeurs ont lu, l'un *habet,* et l'autre *habens,* qui est plus près de *habent,* ou du moins qui contient le même nombre de lettres.

Παραλυπουσι. Leonicenus, en traduisant, *ut fructuum odores non superent quibus occupentur,* annonce qu'il a lu παραλειπουσι; faute provenant de ce que ει et υ se prononçoient de même. — Εις ταυ7α, sous-ent. ιχνη.

§. 7. Των ευναιων η των δρομαιων. Voy. ci-dessus, §. 1, et sur-tout chap. III, §. 8, au mot ευναια.

Τα μεν ευναια. Zeune lisoit, d'après Brodeau, τα μεν γαρ ευναια. J'ai supprimé ce γαρ, parcequ'il ne se trouve dans aucun de mes deux manuscrits, et que d'ailleurs sans γαρ je trouve très logique la phrase de Xénophon. La voici en entier : « La trace du lievre « allant à son gîte dure plus long-temps « que celle du lievre coureur (ou cou- « rant lorsqu'il est lancé) : le premier « imprime ses pas sur sa route; le se- « cond va rapidement. La terre est « *donc* comme battue par le premier; « elle est à peine effleurée par le se- « cond ». En admettant ma leçon, la phrase est ce que l'on appelle dans les écoles un enthymeme, dont l'antécédent ou la premiere partie est τα μεν ευναια, et dont le conséquent et la conséquence sont ἡ γη ουν...

Πιμπλαται. Brodeau propose πεπλαται, qui n'est pas dans mes deux manuscrits.

Οζει. Littér.: ἡ οσμη απο των ιχνων και ευναιων και δρομαιων οζει εν τοις ὑλωδεσι, μαλλον η εν τοις ψιλοις.

§. 8. Οτε δε, pour ενιοτε, *quelquefois.* Voy. chap. IX, §. 8. — Διαρριπτων. Un singulier après καταακλινονται, pluriel.

Voy, §. 6 et 20, au mot πλανωμενοι; et ci dessous, §. 12, après le singulier, il met εχουσιν, énallage, figure très fréquente dans Xénophon.

Υπερεχον η εμπεφυκος. Propriété d'expressions à remarquer. L'un se dit de ce qui flotte sur l'eau, l'autre de ce qui croît dans la mer près de ses bords.

§. 9. Ευναιος, et plus bas οι δρομαιοι. Voy. chap. III, §. 8, au mot ευναια. Ευναιος, lievre *qui gîte*, οι δρομαιοι, lievres *coureurs* ou *courant*. — *Qui currere solent*, Leonic. — *Cursitantes*, Leuncl. — *Qui a canibus agitari solent*, Brod.

Ποιουμενος. D'après une conjecture de Leunclave, Wels corrige mal-à-prpos ὁ ποιουμενος. Ce participe, ainsi que l'observe Zeune, est pour ποιειται ou ποιουμενος εστι. Dans tous les écrivains, et très fréquemment dans ce ce traité, nous en trouvons des exemples. Voy. Vig., p. 327 et 333.

Δρομαιοι. Voy. ci-dessus, §. 9.

§. 10. *Τα ὑποκωλια.* Pollux (l. L) semble prendre *τα οπισθεν σκελη* pour synonyme de *ὑποκωλια.* Voyez-en l'explication chap. IV, §. 1.

Τα ὑτρα, sous-entendu *μερη του σωμα-τος*, *les parties molles du cou*, c'est-à-dire *les parties postérieures du cou*, dit Brodeau.

§. 11. *Και ὁταν.* Lorsqu'il veille *il cligne les paupieres*, *καταμυει τα βλεφαρα.* C'est aussi le sentiment d'Oppien (Cyn., III, 511, 512), de Callimaque (hymne à Diane, vers 95), et de tous les anciens, à l'exception de Pollux (V, 72), qui s'exprime ainsi : *Αλλ' ει μεν* (au lieu de *ει μεν* peut-être faut-il lire avec Zeune *ει μη*, ou mettre *ου* avant *καθευδει*, ce que propose Kühn) *καταμυη τε και ῥινας ακινητους εχη, καθευδει...*

Αναπεπταται. Mais, pendant le sommeil, il les tient *ouvertes* et immobiles. De là, dans la langue des médecins, *λαγωφθαλμος* se dit de celui dont les

paupieres ne se joignent pas et ne ga‑
rantissent pas l'œil. Voy. Cels de la
Med., VII, 7, 9, et Foës., AEcon.
Hipp., h. V. AElien, des An., II, 12,
XIII, 13. Z.

§. 12. Εχουσιν. Voy. §. 8.

P. 27, lig. 22, §. 13. Πολυγονον. Le
lievre étonne par sa fécondité. A peine
la femelle a‑t‑elle mis bas qu'elle re‑
çoit le mâle, ou que même elle est
déja pleine. « Cette espece, dit Op‑
« pien (Cyn., 518 et suiv.), est la
« plus féconde de toutes celles que
« nourrit la terre sur son immense
« surface Elle met bas, et elle en porte
« un autre qui n'a pas encore de poil;
« un troisieme imparfait croît en
« même temps dans ses flancs, qui en
« recelent un quatrieme dont les
« membres ne sont pas encore for‑
« més : elle les met au jour l'un après
« l'autre. Femelle sans pudeur, et
« toujours docile à ses goûts, même
« au temps où elle devient mere, elle

« se livre à toute sa passion ». Aujour-d'hui la superfétation reconnue par rapport au lievre, et attestée par Xénophon, Oppien, Aristote, AElien, Pollux (1), paroît prouvée même à l'égard de la femme, du moins si l'on en croit un célebre anatomiste, qui ne partage pas l'opinion contraire, consignée dans les mémoires de l'académie, année 1705.

La fécondité du lapin est plus étonnante encore que celle du lievre (2). Le lapin donne une portée presque tous les deux mois, tandis que le lievre a rarement plus de deux ou trois portées par an.

Μικραν λαγίων. Ceux des lievres qu'on appelle οἱ μοσχίαι (Pollux, V, 74) laissent une odeur forte. Cette phrase, οἱ δὲ μοσχίαι καλουμενοι των λαγωων n'est

---

1) Voyez Oppien, Cyn., III, 519 et suiv. ; Arist., Anim. IV, 5; AEl., Anim. II, 12, et XIII, 12.

(2) Voy. Encyclopédie in-fol., art. *chasse*, p. 284.

pas comprise par Constantin. Consul-
tez-le au mot μοσχηδον; il vous dira que
οἱ μοσχιαι λαϝωων signifie *lepusculi*, parcequ'apparemment il a lu précipitam-
ment Pollux , et n'a pas vu que λαϝωων
étoit régi par οἱ δε, *ceux* des lievres.
Mais quelle est la signification primitive de μοσχιας ou μοσχος? Si nous en
croyons le docte Riviere, ce mot, que
je trouve, non dans le grand, mais
dans le petit lexique, dérive de racines orientales qui signifient *germant*,
poussant, et, par extension, *neuf*,
jeune, *rejeton*, et, par une seconde
extension, *veau*, ou *jeune bœuf*, ou
génisse. Μοσχιον, *petit veau*, ou *agneau
nouveau né*, *petit rejeton*. Μοσχευειν,
provigner, *marcotter*. Μοσχοισι λυϝοισι.
de *jeunes branches d'osier* dans Homere, Iliade , ch. II , v. 105.

§. 14. Τῃ θεῳ. « Suivant le conseil de
« celui dont je porte le nom, dit Ar-
« rian, ch. XXII, on ne lâchera pas les
« chiens après un levreau nouveau né;

« on le mettra en liberté en l'honneur
« de Diane. »

§. 15. Λαμβανειν δε. Après δε Wels.
met δει, qu'Estienne et Leunclave indiquent en marge. Il falloit se conten-
ter d'observer avec Brodeau l'ellipse
de δει, figure très ordinaire. Δει ou χρη
doit se sous-entendre de même avec
αναβωσιν de ce paragraphe.

§. 5 Οσοι δε μη εξχονται αυτων. Αυτων
régi par οσοι, *ceux d'entre eux qui, etc.*

Ναπας, de ναπη, ης, signifiant, 1°
*lieu couvert de bois, un bois, une fo-
rêt;* 2° *lieu humide, aquatique, val-
lée,* voy. Pind. du célèbre Heyne,
Pyth. V. 51; 3° *hauteur, lieu élevé,
tertre, colline.* Selon ses différentes
significations sa racine orientale est
différente. Voyez le petit lexique de
Rivière. Dans une inscription de Spon,
ιερα ναπη se dit d'un bois sacré où se
trouvoient réunis les temples de Cérès,
de Proserpine, et de Bacchus.

On dit ou ναπος, εος, το, ou ναπη, ης, comme au chapitre IX, §. 11.

§. 16. Εισειλουσι. Brodeau propose εις ειλους. Cette leçon, que le savant Brodeau ne donne que comme conjecture, se trouve indiquée dans le manuscrit A, qui donne εις ειλους.

§. 17. Οἱ ορειοι. « Les lievres *de mon-*
« *tagnes* très rapides dans leur course,
« parceque, dit Zeune, vivant dans
« un air plus pur, leurs corps se forti-
« fient. Les lievres *les plus forts*, κρα-
« τιστοι, dit Arrian, ch. XVII, 1, sont
« ceux qui habitent les lieux décou-
« verts et en pleine campagne » Le
traducteur d'Arrian traduit κρατιστοι
par *les meilleurs de tous les lievres;*
ce qui rend sa phrase très peu logique.
« Les meilleurs de tous les lievres,
« dit-il, sont ceux qui ont leur gîte
« dans des lieux découverts, *car* ils
« semblent défier les chiens ». On
conçoit qu'ils défient les chiens, non

parcequ'ils sont meilleurs, mais parcequ'ils sont *très forts*, κρατιστοι, mot
bien souvent mal interprété. La particule γαρ eût dû le conduire au véritable sens. Voyez Buffon, t. VII, in-
12, p. 115.

Πλανηται. Voyez ci-dessus, §. 9, au
mot ευναιος.

Θεουσι γαρ μαλιστα μ. τ. α. η. τ. ο. *Maximè currunt per acclivia vel plana.*
Μαλιστα se prenant souvent pour le
comparatif (voy. Viger idiot.): je regar-
dois d'abord cette traduction de Leunclave comme fautive, parcequ'à raison
de la structure du lievre, il a plus d'a-
vantage en montant que dans les plai-
nes: je l'ai ensuite adoptée en réflé-
chissant sur l'ensemble de cette phrase.
Sur des terrains inégaux le lievre court
inégalement; en descendant il court
moins bien; il court, μαλιστα, *avec
avantage*, soit *en montant*, soit dans
des lieux unis. — Αναντη, lieux qui vont

en montant ; καΐανΐη, *lieux qui vont*
en descendant.

P. 29, lig. 23, §. 18 Εισι καΐαδηλοι
μαλισΐα μεν δια γης κεκινημενης, εαν εχω-
σιν ενιοι ερυθημα. *Ceux d'entre eux que*
l'on poursuit dans une terre fraîche-
ment remuée se reconnoissent sur-tout
s'ils ont le poil rouge. Voilà bien la traduction littérale du texte ; mais ne se-
roit-ilpas altéré? Notre auteur observe
dans ce passage qu'à travers le chaume
le reflet les trahit, que, dans les sentiers
battus et dans les routes unies, le poli
de leur poil les fait reconnoître , mais
que, dans les endroits pierreux, sur
les monts, dans les forêts, à cause de
la ressemblance, on ne l'apperçoit
pas. Dans ces trois membres pas un
mot de la couleur de la robe ; l'animal y est représenté comme n'ayant
point de couleur prononcée ; et cette
doctrine est celle du naturaliste Pallas
et d'autres encore. Est-il probable

qu'il ait énoncé dans le premier membre de phrase une idée qui semble se détruire dans les trois autres? est-il probable qu'il ait ici professé une doctrine contraire à celle des autres naturalistes? Ouvrons Oppien (Cyn., III, 507 et suiv.), ne donne-t-il pas à entendre que la robe du lievre n'a point de couleur déterminée? « Elle est, dit « cet écrivain, d'un gris obscur pour « ceux qui habitent un terrain noir ; « elle est rouge lorsqu'il vit sur un sol « rouge (littér., *sur un sol à jottes rou-* « *ges*) ». Pallas profere la même doctrine. — Dans ma traduction, n'ayant pas l'autorité des manuscrits, j'ai suivi la leçon ordinaire.

Φελλια. Le même sans doute que φελλις, qu'Hésychius interprete *un lieu aride et pierreux*. Selon le scholiaste d'Aristophane, fol. 271, dans l'Attique on appeloit φελλεις des terrains pierreux qui n'ont à leur surface qu'une terre légere. Le commentateur de Pollux (I, 109), cite au mot φελλον Hésychius, qui explique φελλον par *écorce d'arbre* et *bois léger*.

§. 20. Οτε δε. Voyez §. 8.

Παρα τα αυ7α. Voici la construction de ce passage : αποξουσι παρα τα αυ7α (sous-entendu ιχνη) δια των αυ7ων. — Επαλλατ7ειν (de επι et de αλλος, *autre*) se prend tantôt activement et tantôt passivement, comme *variare, alternare* chez les Latins: ici il se prend activement. — Il se prend passivement dans επαλλασσον7ες οδον7ες, *dents inégales*, dont l'une est alternativement plus longue et l'autre plus courte (voy. chap. IX, §. 12, εναλλαξ). — Αποφαινον7ες ταξαχωδη τα ιχνη de Pollux explique très bien εμποιουν7ες ιχνεσιν ιχνη.

Συ[κωλα. *Exiguo intervallo disjunctæ*. Gesner.

Οἱ μεν επιπεξκοι ou επιπεξκνοι, *les uns noirâtres*. De ces deux mots, qui me semblent également bons, le second est plus usité. Περκος ou περκνος, *noir :* voilà l'acception connue ; mais, selon Riviere, qui le dérive de PRK et NOUA, il signifiera proprement *divisé, distingué, changeant de diverses couleurs.* Ainsi περκαζειν, encore selon lui, ne signifiera pas *être* ou *devenir noir,* mais *changer de couleur, passer d'une couleur à l'autre, tourner,* comme nous le disons du raisin qui commence à tourner.

Οἱ δε επιξανθοι. Les autres plus petits, *jaunâtres.* Riviere dérive ξανθος des mots orientaux KE, CHA, NTSA, *brillant, éclatant ;* étymologie rendue très probable par ce passage de Platon, qui s'exprime ainsi : Λαμπρον τε ερυθρω λευκω τε μισγυμενον, ξανθον γεσονε. *Le mélange du rouge et du blanc donnant du jaune, du roux doré, du blond, du fauve,* ξανθος signifiera donc *jaune, roux, blond, fauve.* Plus communément ξανθος s'entend de la couleur blonde : ainsi ξανθος Μελεαλρος.

ξανθος Μενελαος, ξανθη Δημηλ̄ηρ, *le blond Méléagre, le blond Ménélas, la blonde Cérès.*

§. 23. Την δε ουραν οι μεν κυκλω περι-ποικιλον, οι δε παρασυρον. Selon Gesner, οι μεν doit s'entendre des petits, οι δε des grands lievres. Pour moi, j'ai cru devoir traduire *les uns, les autres :* cette version ne sera point contredite par les grammairiens, et d'ailleurs tout l'ensemble des paragraphes 22 et 24 la commande ; celle de Gesner me semble répandre sur tout ce morceau une profonde obscurité.

Παρασυρον a singulièrement exercé les commentateurs. Quelques uns lisent παρασηρον. Franc. Portus (1) juge le mot insolite : d'autres lisent παρασημον de παρασημος, *mal marqué, non marqué au vrai coin, faux, altéré,* et, par métaphore, *mal famé, sus-*

____

(1) Page 512 de son commentaire sur quelques traités de Xénophon.

pect, *obscur*, ou , *qui se fait remar-*
quer, *distingué*, *qui attire les regards.*
Le célebre Brunck (1) est pour ce mot
proposé avant lui par Fr. Portus (2),
et traduit, *mal marqué.* — Leunclave
lit παρασηρον, et traduit, *albedine in-*
signe longiore spatio. Zeune (ch. V,
23) et Leonicenus lisent de même. Ce
dernier traduit *tersam*, version adoptée par Gesner (l. L). J'ai cru devoir
préférer παρασυρον, que je trouve dans
le manuscrit A.

§. 23 . Υποχαρωποι. Voy. ch. IV, §. 1.
Υποῖλαυκοι, *bleuâtre.* Γλαυκος nous
rappelle γλαυκωπις Αθηνη, qui signifie
littéralement, *Minerve aux yeux de*
glavx, espece de chouette qui a les
yeux bleus. Pourquoi cet oiseau est-il
regardé comme l'emblême de la sagesse? C'est dit quelque part le célebre naturaliste Cuvier, parcequ'il a

(1) Voyez Mémor. de Xénophon par Schneider,
p. 4 de sa préface
(2) P. 512 de son commentaire sur Xénophon.

le front très élevé, ce qui lui donne un air plus réfléchi.

§. 24. *Το δὲ πλῆθος πλείους.* On trouve les plus petits lievres dans la plupart des îles, soit désertes, soit habitées, et en plus grande quantité que dans les continents. « Ithaque, dit Pollux, « XII, 75, est la seule île où le lievre « ne vive pas, témoin Aristote » Voy. Pline, Hist. Nat., VIII, 54. — Αἴλοι. Voy. Hérod., liv. III.

§. 25. *Εἰς τὰς ἱερὰς.* On ne laisse aucun chien pénétrer *dans les* îles *sacrées.* Strabon (liv. X) fait cette observation pour l'île de Délos seulement. Thucydide (liv. III, ch. 4) dit que, lors de la purification de l'île de Délos tout entiere, on enleva tous les cercueils qui s'y trouvoient, et il fut ordonné qu'à l'avenir il ne mourroit ni ne naîtroit personne dans l'île, mais qu'on transporteroit à Rhénée les mourants et les femmes voisines de leur terme. Voy. le Cal. de Spanh.,

Hymn., Del., v. 1. — Voy. aussi Diodore, liv. XIII.

Εκθηρωνται. Avant Castor on lisoit εκθηρωντε, que je lis dans le manuscrit A, faute provenant de l'uniformité de prononciation dans αι et ε.

§. 26. Βλεφαρα. Voy. Poll., XII, 69.

§. 29. Αϲαπων. Voy. AElien, Anim., XIII, 13 ; Buff., t. VII, in-12, p. 113.

Ανόμοιον. Ανομοιον, manuscrit B. — Προς αϱμον à la place de ce mot δϱομον, manuscrit A. La leçon αϱμον est justifiée par συνηϱμοσμενον du §. 31.

Description du lievre.

§. 30. Εχει κεφαλην κουφην, μικραν, καϊωφερη, ϲϊενην εκ του προϲθεν, *Il a une tête légere, petite, inclinée, étroite en devant.* Remarquons que ce dernier caractere ne peut convenir au lapin. (Voir ma Dissert. sur les lievres de Xénophon, chap. V, §. 22, vol. des mêl.) — Le man. B porte καϊαφερη. On lit *καΊῶφερη* dans le manuscrit A, l'*α* dont l'*ω* est surmonté écrit de la même main : ensuite en marge, sans le signe critique *γϱ*, *σΊευην εκ του εμπϱοσθεν · σΊε-νην ε. τ. π. ω. ὐ. τ. λεπΊον*. Tous ces mots manquent dans le manuscrit A : la ressemblance entre les désinences de *καΊωφ.* et *περιφ.* aura causé une lacune. Les jeunes hellénistes voient que *καΊαφερη* et *καΊωφερη* offrent absolument le même sens.

Τϱαχηλον λεπΊον (*σΊενον*, Poll.), *περιφερη* (*σΊϱογ[υλον*, Poll.), *ὐ σκληϱον* (*ὐ[ϱον*, Poll.), *μηκος ἰκανον*, *Le cou mince, ar-rondi, souple, proportionné dans sa longueur.* (Voyez, chap. IV, §. 1, vol. des mêl., ma note sur *και επιϱικνα.*)

Σκελη τα επ' αυΊων, sous-entendu *ωμο-πλαΊων*, *les jambes qui sont attachées aux omoplates*, c'est-à-dire le train de devant. Pollux dit le train de de-vant, *σκελη τα πϱοσθεν*; Xénophon parle plus savamment. Sur le sens de *σκελη*, voir chap. IV, §. 1., vol. des mêl.

Σκελη ελαφρα, συʃκωλα, *Les jambes de devant légeres et compactes.* Leonicenus traduit συʃκωλα par *solida.* Peut-être, dit Gesner, seroit-il plus exact de traduire, *exiguo intervallo disjuncta: posteriora enim magis distant et divaricantur.* (Voyez p. 33, lig. 15 et 16 de ma traduction.)

Στηθος ου βαρυʃονον, *La poitrine dégagée.* Pollux veut une poitrine charnue. Zeune, s'il falloit renoncer à βαρυʃονον, proposeroit βαθυσʃενον, *valde angustum*, très étroite. Mais une poitrine charnue et une poitrine très étroite nuisent également à la respiration. — Gesner traduit, *pectus non grave;* mais qu'entend-il par *non grave?*

Οσφυν περιφερη, κοιλην, σαρκωδη. Au lieu de κοιλην, d'après Athénée, qui aura eu sous les yeux un manuscrit fautif, Zeune lit κωλην, qui alors n'est plus adjectif de οσφυν, mais commence un nouveau membre de phrase. Leo-

nicenus semble avoir lu κοιλιαν, puisqu'il traduit *alvum carnosam.* Pour
moi, je lis κοιλην avec le manuscrit B.
Le manuscrit A porte aussi κοιλην, et
en marge κολψα. Gesner lit κωληνα,
qu'il interprete *pernam vel coxam et
femur.* — Οσφυς, *reins*, partie ainsi
appelée, selon quelques lexicographes, par abbréviation de οσ7οφυης,
parcequ'en effet cette partie est os-
seuse et sans chair.

Ισχια, *Les hanches.* Ισχιον, en anatomie moderne, désigne une partie
des os du bassin, au lieu que ισχια,
chez les anatomistes grecs, se dit des
hanches tout entieres.

Μηρους μακρους. *La cuisse alongée.*
Pollux (V, 70) paroît avoir lu μικρους,
la cuisse *courte*, puisqu'il veut μηρους
βραχεις.

Υποκωλια μακρα, *Les hypocolies
longs* (v. ch. IV, §. 1, vol. des mél., ce
que nous avons dit des hypocolies du
chien). Au lieu de υποκωλια, Junger-

mann cite un manuscrit portant ὑπο-
σκελια : cette leçon ne plait pas au célebre Jungermann; pour moi je la
préférerois. Jungermann, dans Pollux
(V, 59), traduit ὑποκωλια, *partes fe-
moribus subjectas.* Cette version latine
ne convient-elle pas mieux à ὑποσκε-
λια, qu'il rejette, qu'à ὑποκωλια qu'il
affectionne? Leonicenus traduit ὑποκωλια, tantôt par *internodia*, tantôt
par *femina.* Au lieu de μακρα, je vois
dans le manuscrit A μικρα écrit de la
même main, du moins à ce qu'il me
semble. Μακρα est sans doute la leçon
à préférer, puisqu'elle est celle de
Pollux et de Leonicenus, qui traduit
longa. Chap. V, §. 1, j'ai eu occasion
de remarquer, au mot ωτα μικρα, que
les copistes avoient souvent lu μακρα
pour μικρα, et μικρα pour μακρα. Cette
remarque a lieu pour μηρους μακρους
ci-dessus.

Ποδας τους προσθεν ακρως ὑγρους, *Les
pieds de devant souples à leur extré-*

mité. Ici Gesner propose μακρες, ν‑ρες, parceque, dit-il, *summa certè mollities non convenit eis,* sous-entendu *pedibus.* Gesner prétend avec raison que *summa mollities,* dans les pieds des chiens, n'est pas une qualité : mais Xénophon a-t-il dit ce que lui prête Gesner? Xénophon joint-il à l'idée d'ν‑ρους celle du superlatif? ακρως, qui quelquefois se prend dans le sens de *valde, maximè,* ne présente-t-il pas ici un sens très différent? ne doit-il pas s'entendre de l'extrémité des pieds? Que les savants prononcent.

Τους δ' οπισθεν (sous-entendu ποδας) σ‑ρεους, πλαΊεις, *Les pieds de derriere durs et larges.* Le manuscrit B porte πλαΊης; faute provenant de l'équivoque qui existoit entre le son de la diphtongue ει et celui de l'η.

§. 31. Υπερελαφρον. Υπελαφρον, Pollux, leçon vicieuse. Z.

Πηδα. Voyez Pollux, l. L.

Τουτο το εν χροι. Le manuscrit A

donne aussi cette leçon. Brodeau lit εν χρϊ, et traduit, *manifestus autem est hujus bestiæ color.* — *Nam quod ad colorem attinet in promtu est.* Leon. — Τουτο εν χρεια, *manifestò patet hoc in necessitate.* Correction de Leunclave inutile, puisque εν χρϊ ou εν χρῳ ειναι se dit d'un danger imminent. Εν χρῳ ou εν χρωϊ, *sur la peau, jusques au vif, jusqu'à la peau, tout près de, corps à corps;* de là *être en danger.* — Το εν χρϊ pour το ον εν χρϊ.

§. 33. Ουτο επιχαρι. C'est un animal si *agréable*, qu'il n'est personne qui, en le voyant suivi à la piste, découvert, poursuivi, atteint, n'oublie tout autre objet qui pourroit charmer ses yeux. Aldrovande fait ainsi allusion à ce passage: (1) *Lepus animal est, sive investigetur, sive inveniatur, sive currat, sive capiatur, adeo gratiosum ut illius venatio multorum ani-*

(1) De Quadrup. digit. vivip., liv. II, p. 557.

*mos semper mirum in modum exhi-
laret.* Arrian (chap. XVII) pense tout
autrement.

§. 34. Απεχεσθαι, sous-entendu
χρη. Il étoit défendu aux particuliers
(chap. XII, §. 7) de passer la nuit en-
deçà de plusieurs stades de la ville, de
peur que les amateurs de la chasse ne
fussent privés de gibier. Voilà une loi
favorable aux chasseurs : mais les pro-
priétaires étoient-ils respectés? oui;
Xénophon nous l'apprend ici : « On
« s'abstiendra de chasser dans les terres
« ensemencées, quelles qu'en soient
« les productions. Évitez aussi les cou-
« rants d'eau » : ce qui n'étoit pas un
simple conseil de la part de Xénophon; il existoit une loi, ainsi que
l'indique la phrase suivante.

Ινα μη τω νομω εναντιοι ωσιν. Il y a
deux manieres d'expliquer ce passage.
Si l'on sous-entend avec Zeune φυλακτεον, on traduira ainsi : *Il faut prendre garde d'enfreindre les lois de la*

chasse ; s'il arrive qu'on ne découvre point de gibier, on pliera bagage. Mais est-ce bien là le vrai sens de l'auteur? Leonicenus en propose un qui me paroît ingénieux : *Quin etiam, si feræ in ea præcipitent, id qui viderint, ne legis prævaricatores sint, universam venationem solvere oportet.*

Ἀναξρια, ας (de α privatif et de αξρα, *chasse*), signifiant l'absence de la chasse, *mauvaise chasse*, Léonicenus a probablement lu, non αναξρια, mais τα αξρια (sous-entendu Θηρια), ou quelque chose de semblable. Au lieu de αναξρια, qui se trouve dans toutes les anciennes éditions et dans mes deux manuscrits, ne seroit-il pas mieux de lire ευαξρια, *bonne chasse, chasse heureuse?* et alors on traduiroit ainsi littéralement : *Causer du dégât dans les terres labourées est une action peu honnéte et injuste ; et afin que les chasseurs qui y verront les lièvres poursuivis par les chiens n'enfrei-*

gnent pas les lois de la chasse, même quand il y auroit bonne chasse (καὶ ὅ]αν ευαſϱια εμπιπ]η, *etiamsi felix venatio inciderit*), *il faut plier bagage.*

Il me vient encore une autre idée. Au lieu de αναſϱια, Xénophon n'auroit-il pas dit ἀμαſϱια (de ἀμα et de αſϱα), *chasse abondante?* ce qui donneroit ce sens : *Même, s'il y a bonne chasse, à la vue d'un dégât commis sur les propriétés d'autrui, que le chasseur contienne sa joie, qu'il ajourne ses plaisirs, qu'il plie bagage.* Si je lis αναſϱια, je n'ai plus qu'une idée triviale. Cependant, comme je n'ai encore pour moi ni le suffrage des érudits ni l'autorité des manuscrits, je laisse dans le texte αναſϱια.

<hr>

NOTES DU CHAPITRE VI.

§. 1. ΤΑ μεν δεϱαια. Voy. Poll., V, 55. Ιμαν]ες, *laisses* (Poll., I. L), de ἱμας (autrefois ἱμαυς) ἱμαντος. Ainsi chez les Latins *gigas*, *gigantis*, au lieu de *gigans*, *gigantis*. On tenoit ces laisses à la main par le moyen de crochets dits ἀγκυλαι, de ἀγκυλη, ης, qui signifie *courroie* servant à retirer un dard une fois lancé, *courroie* à attacher le soulier, *courbure* du bras ou du coude, *difficulté* de parler, sorte de *vase arrondi*.

Στελμονιαι. (Pol., l. l.). Les *courroies* ou *longes latérales* étoient deux larges cuirs qui se portoient depuis la poitrine du chien, le long des côtes, jusqu'au derriere, où elles étoient arrêtées à des nœuds; à cette partie postérieure on les garnissoit de pointes de fer. Si l'animal étoit femelle et en chaleur, on empêchoit par là les chiens de mauvaise race de la couvrir. Au lieu de στελμονιαι, le manuscrit A porte στιλμονιαι, et en marge τελαμωνια, qui n'est probablement qu'une glose tirée de Pollux.

Εσκευ]ριδες. Voyez Pollux, 1. L.

§. 3. Δια τρι]ης ἡμερας, *tous les trois jours.* — Τρι]η ἡμερα, *le troisieme jour.*

§. 4. Οι οψιζομενοι. Le manuscrit A porte οψοιζομενοι. Οι et ι se prononçant de même, cette faute se conçoit: mais comment Brodeau, dans ses notes, a-t-il conservé cet οψοιζομενοι des anciennes éditions?

Πασαν ὡραν, *Quovis anni tempore,* Leuncl. — *Quæ singulis horis evanescit,* Leonic. Je crois que tous les deux interpretes se trompent.

§. 5. Εσι Θηρα. Εσι Θηραν, manuscrit A. — Εσι Θηρας, manuscrit B. Je préfere avec Zeune εσι Θηρα des anciennes éditions. Εσι avec le datif plus exquis et rare. On en trouve des exemples dans Xénophon. Περι προσο, chap. III, §. 4. Εσι ξενια καλεισθαι, locution qui se trouve dans AEsch., de Leg. fals., p. 223, où Reiske corrige εσι ξενια. Αισθαι εσι Θανα]ω. Anab., I,

7, 10; V, 7, 19. — Επι θανατω, très commun dans Lucien.

Αμφι δρομους. Αμφιδρομους, τραχειας, etc. Οδους manque dans mes deux manuscrits. — Αμφιδρομους d'un seul mot dans le manuscrit A et dans les anciennes éditions. — Leonicenus, qui traduit *retibus divortia claudat*, lisoit sans doute αμφι διοδους, qui se trouve dans le paragraphe suivant, et ch. IX, §. 11. Leunclave veut qu'on lise αμφι δρυμων οδους, conjecture assez plausible. De οδους les deux premieres lettres ont pu s'effacer avec le temps; l'on aura alors fait un seul mot des deux, et lu δρομους au lieu de δρομων οδους. Quelques uns lisent simplement αμφι οδους.

Σιμας, *les terrains inclinés en pente.* Voyez σιμα, chap. V, §. 16.

§. 6. Εις απειρον. Au lieu de εις Zeune propose ειη. Je crois qu'il ne faut rien changer au texte. Voici l'explication que je soumets au jugement des érudits: c'est dans ces endroits sur-tout qu'il fuit, εἰς ταῦτα μαλισ͐α; et dans combien d'autres encore il se réfugie, ὅσα δὲ αλλα εἰς, c'est ce qu'il seroit trop long de détailler. Après φευ͐ει je mettrois point en haut, et je ferois régir ὅσα αλλα par εἰς. Au reste, en proposant cette interprétation, observons aux jeunes hellénistes que εἰς απειρον est grec, et peut se prendre adverbialement. Ainsi εἰς δεον, *à propos*, εἰς μακραν, sous-entendu ὁδον, *loin*, *etc.* Voy. Viger, p. 535. Leonicenus traduit : *Nam omnia dicere infinitum esset diverticula ;* et Zeune en conclut que Leonicenus a lu ειη : conclusion inexacte selon moi : il a très bien pu, sans le lire, sous-entendre ειη.

Τουτων. Ce mot s'entend des lieux dont on vient de parler, et où l'on tend les *arcus*. — Παροδους régi par ισταω, que sous-entendent Brodeau et Zeune. — Διοδος, que je rends par *traversées*, peut quelquefois signifier *bivoie*. Leunclave, induit en erreur par la version de Leonicenus, propose de remplacer τουῖων par ποιεῖῶ. Voyez Pollux, l. l.

Εις οϱθϱον και μη πϱωϊ, *Au point du jour, et non auparavant.* Quoi qu'en disent les lexicographes, οϱθϱος et πϱωϊ ne sont point synonymes. Vous en avez la preuve ici, et dans Ammonius, qui cite deux passages moins forts que le nôtre. Le conseil de Xénophon est fondé sur ce que le lievre rôde la nuit et dort au point du jour. Dans le chapitre précédent nous l'avons vu jouer la nuit au clair de la lune. Voy. ch. IX, §. 17.

Αϱκυσῖασιον, ου, ou αϱκυσῖασια. L'action de tendre des filets, ou le lieu même où ils se tendent. — Πλησιον των ζηῖησιμων, *prope ea loca ubi investigandæ sunt feræ,* près des lieux où il faut quêter la bête. Le sens de τα ζηῖησιμα est facile à trouver ; est-ce pour cela qu'aucun lexique ne l'indique ?

Πϱωϊ. Voyez ci-dessus.

Καθαϱας, *pur,* c'est-à-dire *nettoyé,*

débarrassé, déblayé. C'est dans le même sens que Pindare a dit (Olymp., VI, 39), κελευθῳ εν καθαρᾳ.

Ποιουμενος. Zeune reproche à Estienne de tourmenter le texte parcequ'il propose ποιουμενους. Le mot se trouve en marge du manuscrit avec le signe critique γρ.

§. 7. Ινα, *afin que, où.* Je prends ce mot *in sensu* τοπικῳ, en remarquant, d'après Zeune, que *ινα,* dans ce sens, se construit avec le conjonctif. Ainsi dans Homere, ινα περ σε και αυτον ὁμοιη γαια κεκευθη : ainsi dans Aristophanes (Plut., 1152), παιρις γαρ εστι πασ' ινα αν πρατη τις ευ.

Πηϲυνειν. Après ce mot δει dans le manuscrit A, mais sans le signe γρ, ce qui annonce une simple scholie.

Ακρας, sous-entendu σχαλιδας.

Κεκρυφαλον (selon des lexicographes de κρυπτω, *cacher,* parfait moyen κεκρυφα) *réseau à contenir les cheveux;* ce réseau (en latin *reticulum,* d'où

14.

probablement, par le changement du *t* en *d*, vient notre *ridicule*, parure des dames), que portent encore à présent les femmes de l'Archipel, s'appeloit aussi αμπυξ (voy. Théocr., Id. I, Pind., Olymp., 7, 118); *sac* ou *second ventre* des animaux, Aristote. Ici le mot signifie bourse du filet, que Pollux appelle αρκυος κοιλοτης.

Υπερεμβαλεσθαι. *Ne nimium te expleas ferarum investigatione*, Ne soyez pas insatiable à la poursuite de l'animal. Fr. Port. Explication forcée. — Leunclave voudroit υπερβαλλεσθαι, *merum interponere*. — Zeune, en considération de εν joint à ταις ιχνειαις, se déclare avec raison pour υπερεμβαλεσθαι. — Εστι γαρ θηρατικον μεν, φιλοπονον δε... *C'est d'un chasseur, et d'un chasseur ami du travail...* Voilà l'interprétation que je préfere en interprétant υπερεμβαλεσθαι *perdre le temps, retarder;* mais, en adoptant l'acception de Fr. Portus, je traduirois ainsi littéralement : *A la quéte du gibier ne soyez point insatiable ; s'il est d'un bon chasseur de prendre le gibier promptement et par toutes sortes de moyens, la tâche est aussi trop pénible.* Δε alors seroit particule adversative. Vlitius (note du vers 249 de Gratius) cite ce passage, mais sans l'expliquer.

§. 9. Τα δικτυα. Voyez, dans mon volume des mélanges, dissertation sur les différentes sortes de filets. — Σαρδονιων, voyez *ibid.*

Εν απεδοις. Leunclave corrige mal-à-propos επιπεδοις. Thucydide, p. 499, 705, Hérodote, I, 110, Pollux, I, 186, prennent απεδον dans le sens de ισοπεδον, ομαλον (voy. chap. X, §. 9). — Απεδον quelquefois a le sens de *arduum* des Latins, *élevé, escarpé.*

§. 10. Ανισταω, *Qu'il redresse.* — Ισταω, *qu'il dresse.* Paragraphe 6, au mot τουτων.

Η ου κατειδε. Au lieu de *ου* Estienne

lit ὅ, *aut quidquid sit illud quod vi-*
derit. — Leunclave lit ὅτι. Je crois avec
Zeune qu'il faut lire οὗ, *ubi*, où.

§. 11. Εσθῆτα. Voy. Poll., V, Callim.
de Spanh., hym., Dian., 16.

Ὑποδεσιν. Callim. de Spanh., l. l. 16,
et Baldui., *De calceo antiq.*, p. 138 et
seqq.

§. 12. Αὐτον δε, c'est-à-dire le κυνη-
[ετης, *celui qui tient, celui qui conduit
les chiens.* Il est opposé à αρκυωρος, *le
gardien des filets.*

Προς την ὑπαγωγην κυνηγεσιου, *prædam
cautè deducturus in casses.* Ὑπαγωγη,
*l'action de conduire, d'amener avec
adresse, avec ruse.* Ὑπαγειν εις ενεδρας,
*faire tomber adroitement dans une
embûche* (Voy. Ιππαρχ., IV, 12). La
préposition ὑπο n'est pas rendue par
Leunclave. Leonicenus traduit, *ad
saltus indaginem subeat,* version peu
littérale (voy. ὑπαγειν, chap. X, §. 4).
— Κυνηγεσιον (de κυων et αγω, *conduire
les chiens*), tantôt se dit des chiens.

tantôt du butin; ici dans le dernier sens.

§. 13. Α*ʃροτερα*. Surnom de la chasseresse Diane, auquel fait allusion Callimaque dans ce vers 12 (hym. Dia), *αʃρια Θηρια καινω*. Elle est encore surnommée *Θηροκʃονος, Θηροφονος, πολυθηρος*. — *Μεʃαδουναι*. Ce mot rappelle un usage des anciens ; avant de commencer leur chasse ils faisoient vœu, si elle étoit heureuse, de la partager avec Apollon et Diane. Voyez Spanh., hym. Dia, vers 12 et 104; Arrian, chap. XXXIII; Poll., V, 13, VIII, 91.

Μεʃαξυ τουʃου, sous-entendu *χρονου*.

Επηλλαʃμενων. Α*πηλλαʃμενων* se trouve dans quelques anciennes éditions. Je préfere *επηλλαʃμενων*, 1° parceque je le vois en marge du manuscrit A; 2° parcequ'il est proposé par Leunclave et Brodeau; 3° parceque la préposition *επι* peint mieux des pas enlacés les uns dans les autres que *απο*; 4° parceque le mot se trouve encore au paragraphe suivant. — Zeune préfere *απηλλαγμενων*.

§. 14. *Περαινομενου δ. τ. ι.* *Dum vestigium transigitur*, Leonicenus. — *Dum verò vestigii finis quæritur*, Leunclave. Qu'entend Leonicenus par *transigitur?* le prend-il dans le sens ordinaire de aller *(trans)* au-delà? Suivant Leunclave, plus clair dans la traduction de ce mot, *περαινειν* signifie *chercher la fin* de la trace. De ces deux interpretes le premier est obscur; le second ne s'est-il pas trompé? *Περαινειν* ne signifie ni *chercher la fin* de la trace, ni *aller au-delà* de la trace, mais *marcher sur* la trace. *Περαν* signifie quelquefois non *au-delà*, mais *à travers*. Ainsi les Latins ont dit *trans æthera* pour *per æthera*.

Εξειλουσαι τα ιχνη, διπλα, τριπλα. Lucain a dit de Pompée prenant la fuite:

> . . . . Incerta fugæ vestigia turbat
> Implicitasque errore vias. . . . .

C'est ainsi que le lievre, allant tantôt à droite, tantôt à gauche, tantôt revenant sur ses pas, dissimule sa trace, que le chien tâche de démêler. Voy. note de Vlitius sur le vers 225 de Gratius.

Παρα τα αυ7α. Le manuscrit A porte δια ταυ7α, et en marge παρα ταυ7α.

Μανα, au lieu de μακρα, se trouve dans mes deux manuscrits.

§. 16. Τα σωμα7α. Το σ7ομα παν επικραδαινειν, Pollux, V.

§. 17. Εμβοωντων, sous-entendu κυνηξεται, *que les chasseurs s'écrient.*

Ιω. Voy. Call. de Spanh., Apol., 25.

Κακος. Brodeau a lu κακως dans un manuscrit, mais préféreroit καλως. Estienne le premier a lu κακας. Cette leçon, dont Zeune suspecte la véracité, se trouve en marge du manuscrit A avec le signe γρ. Zeune aimeroit καλως.

Κυνοδρομειν. Voyez Pollux, V, et Spanheim, sur D., 106.

Περιελιξαν7α, *Roulant* sa chlamyde

autour de son bras. Comme il s'agit ici de la chasse d'un animal doux et paisible, et non d'une bête féroce, pourquoi la chlamyde roulée autour du bras? probablement pour être prêt à repousser les bêtes féroces si l'on en rencontroit: peut-être encore prenoit-on cette précaution, parceque la chlamyde, agitée par le vent, pouvoit effrayer le gibier timide. Voy. Opp., Cyn., Λ, 105.

Απορον γαρ, *periculosum enim est.* Leonic. — Leunclave a traduit comme il voudroit qu'on lût: *nam venatoris hoc imperiti, απειρον γαρ.* — *Quoniam id difficultatem afferat,* Estienne. Απορος, au propre, qui est *sans issue, par où l'on ne peut passer;* et au figuré, qui *manque d'expédients, de ressources.* Απορον γαρ, *car cela est d'un homme manquant d'expédients, cela est mal-adroit.* Voilà le sens de ce mot, que Leunclave veut à tort corriger.

§. 18. Κοινον. C'est une chose *reçue*, *usitée* parmi les chasseurs. Leunclave propose en marge εκεινον, sous-entendu κυνηγετην, et traduit d'après sa conjecture.

§. 20. Ου παλιν, ου παλιν. Ces mots, dit Leunclave, sont d'un chasseur qui excite, qui encourage à aller en avant, et non d'un chasseur qui rappelle ses chiens égarés ; il faut donc lire τουμπαλιν, *retro ;* correction inutile, si π. -λιν exprime aussi l'action de revenir en arriere : or cela me paroît certain. Voy. p. 37, Introd. à mon cours grec.

§. 21. Σημειον θεσθαι σ]οιχον. Leonicenus traduit ce dernier mot *limitem ;* Leunclave, *ipsam indaginem ;* François Portus , *venator sibi* signum *statuat.* Dans ma version latine, je propose *ipsum vestigandi ini_ium,* qui me semble expliquer l'idée plus clairement.

§. 22. Μη κα]εχον]α se trouve dans mes deux manuscrits. Henri Estienne

lit καθεχονθα μη, c'est-à-dire qu'il supprime une hyperbate dont les exemples ne sont point rares. Voy. Ern. S.
V. Mémor., III, 9, 6; Dorvill. Cha-
rit., p. 92; Fischer sur Plat. Phæd.,
chap. XXIV. Dans mon manuscrit A
je lis μη καθεχονθα κυνοδ... Le μη y est
effacé, et ensuite restitué de la même
main, à ce qu'il me semble, entre καθεχονθα et κυνοδ... Il est facile de juger
de ces deux leçons quelle est la plus
exquise.

Τας κεφαλας, qui manque dans les
anciennes éditions, se lit dans mes
deux manuscrits.

Υπερπηδωσαι, qui semble à Leunclave une répétition hasardée, manque dans le manuscrit A.

Κεκραζυιαι. Estienne lit κεκλαγζυιαι,
qui est en marge du manuscrit A. Voy.
chap. III, §. 9.

§. 24. Παρενεχθη. Estienne lit παρεχθη,
qui est dans le manuscrit B.

§. 26. Ανελονθα. Les deux manuscrits

portent ανελον7αι. Ανελον7α en marge du manuscrit A.

Ανα7ρɩψαν7α. Leonicenus traduit *canes avertat:* il a donc lu ανα7ρεψαν7α, leçon du manuscrit B. La premiere leçon me semble préférable, quoi qu'en dise Brodeau; elle rappelle un usage dont Arrian fait mention (c. X), et que la chaleur du climat rend plus utile en Grece que chez nous.

~~~~~~~~~~~~~~~~~~~~~~~~~~~~

NOTES DU CHAPITRE VII.

§. 1. Τεττ α ρ ε Σ και δεκα ημεραι. Les deux manuscrits portent και δεκα αυ7αι. Ημεραι en marge du manuscrit A. — Leur chaleur dure quatorze jours. Chez quelques unes cependant, dit Aristote (liv. VI, chap. 20), elle dure seize jours ou à-peu-près.

§. 2. Κα7απαυομεναϛ, *concessâ aliquâ quiete.* Franç. Portus. — *Dum otio et*
~~~~~~~~~~~~~~~~~~~~~~~~~~~~

quiete fruuntur, Leunclave. S'agit-il
ici de repos, de cessation de travail,
ainsi que le prétendent et les commentateurs modernes, et Pollux lui-même
(V, 5). qui s'exprime ainsi : Προδιαπο-
νηθεισαι δε ειλα αναπαυσαμεναι καιρον αν
συνδυαζοιντο? J'en doutois à la premiere
lecture du passage où Aristote (l. VI,
chap. 20) dit que les chiennes sont en
chaleur pendant quatorze jours; que
leurs menstrues sont de sept jours,
durant lesquels survient un gonfle-
ment aux parties génitales; que ce
n'est point alors, mais dans les sept
jours qui suivent, qu'elles admettent
le mâle. De ce passage j'en concluois
d'abord que καλαπαυομενας devoit s'entendre, non de la cessation du travail,
mais de la cessation de la chaleur; ce
qui étoit inexact. En effet, si elles n'admettent point le mâle pendant les sept
premiers jours de menstrues, elles
l'admettent dans les sept jours qui
suivent, qui sont encore des jours de

chaleur. Dans les sept premiers jours elles s'y refusent seulement à cause de l'accident qui survient. J'ai donc dû traduire : *Vous les présenterez bien reposées à des chiens de bonne créance ;* ce qui ne s'observe pas à l'égard des femelles de toutes les especes : témoin Pline, qui écrit (H. N., liv. VIII, chap. 69) *asinas mares fatigatos melius implere.* Voy. Colum., VI, 37.

Μη εξαν. Littér., *Ne les menez pas continuellement à la chasse, mais de distance en distance.* S'il n'y avoit pas ενδελεχως, j'aurois pris διαλειπειν dans le sens de *laisser au logis tout le temps* de la gestation, δια. Gratius l'a entendu ainsi dans ce vers 286 :

Da requiem gravidæ, solitosque remitte labores.

Ινα μη φιλοπονιαν διαφθειρωσιν. A φιλοφονιαν, sous-entendez δια, et εμβρυον à διαφθειρωσιν, pour justifier le sens. Voy. Foës. ÆEcon. Hippoc., au mot διαφθορη. Le docte Vlitius (p. 125, sur

Grat.) traduit, *ne a laboris studio de-suescant.*

Κυουσι ἐξ... *Elles portent soixante jours.* « Elles portent neuf semaines, « dit Buffon, c'est-à dire soixante-trois « jours ; quelquefois soixante-deux ou « soixante-un, et jamais moins de soi- « xante ». Aristote dit que la chienne de Laconie porte la sixieme partie d'un an, c'est-à-dire soixante jours ; quelquefois un jour, soit de plus, soit de moins, ou deux ou trois de plus. Voy. Aristote de Camus, l. VI, c. 20.

§. 3. Το δε των μητερων. Wels a adopté la leçon d'Estienne, qui conseille των δε μητερων. Voy. Arrian, ch. XXX ; Poll., V ; Colum., *De re r.*, VII, 12.

§. 4. Εμποιουσι. Voy. Arr., c. XXXI.

Αδικα. Le mot se trouve dans les deux manuscrits. Αδινα, Brodeau. — Faut-il lire ακιδνα, *foibles,* dit Zeune? je ne le crois pas ; car, dans la Cyropédie (l. I, c. 2, 15), nous trouvons ἁρμα δικαιον, ἱπποι αδικοι ; et, dans le traité d'équitation, l. III, c. 5, αδικος γναθος.

P. 48, lig. 13. §. 5. Psyché, de ψυχη, *ame*. — Thymos, de θυμος, *desir, passion, ardeur, hardiesse, assurance; l'esprit, l'ame, la volonté, la vie, la colere.* — Porpax, de πορπα ou πορπαξ, *agraffe, boucle,* et tout ce qui sert à attacher, à serrer, à saisir, à empoigner. — Styrax, de στυραξ, *pointe* ou *fer de lance, de pique.* — Lonchè, de λοϛχη, *lance.* — Lochos, de λοχος, *embûche.* — Phroura, de φρουρα, *garde, sentinelle.* — Phylax, de φυλαξ, *gardien.* — Taxis, de ταξις, *ordre, ordonnance, poste, appariteur, licteur.* — Xiphon, de ξιφος, το, *épée, glaive.* — Phonex, de φονηξ, ο, *qui aime le carnage.* — Phlégoon, de φλεϛειν, *brûler, embraser.* — Alcè, de αλκη, ή, *force.* — Teuchoon, de τευχειν, *rencontrer, atteindre.* — Hyleus, de ύλαω, *aboyer.* — Mèdas, de μηδομαι, *avoir soin.* — Porthoon, de πορθειν, *ravager.* — Sperchoon, de σπερχειν, *hâter.* — Orgè, de οργη, *colere.* — Bremoon, *le frémissant*, de βρεμω, *je frémis.* — Hybris, de ὑβρις, *outrage.* — Thalloon, de θαλλειν, *verdoyer.* — Rhomè, de ῥωμη, *force.* — Anthée, de ανθεειν, *fleurir.* — Hébé, de ἡβη, *jeunesse.* — Gethée, de γηθεειν, *se réjouir.* — Chara, de χαρα, *joie.* — Leusoon, ou de λευειν, *lapider, causer beaucoup de dégât*, ou, ce qui est plus probable, de λευσσειν, *voir.* — Augè, de αυγη, *splendeur.* — Polys, de πολυς, *nombreux.* — Bia, de βια, *force.* — Stichoon, de στιξ, *ordre, alignement.* — Spoudè, de σπουδη, ἡ, *empressement.* — Bryas, de βρυειν, *pulluler, germer.* — Oinas, de οινος, *vin.* — Sterros, de στερρος, *solide.* — Craugè, de κραζειν, *crier.* — Kainoon, de καινειν, *tuer.* — Tyrbas, étymologie inconnue, à moins qu'il ne faille lire, avec le manuscrit Λ, τυρβας, de τυρβη, *trouble.* — Sthenoon, de σθενω, *je peux.* — Aither, de αιθηρ, *l'air.* —

Actis, de *αχ7ις*, *rayon*. — Aichmè,
de *αιχμη*, *pointe, javelot*. — Noès, de
νοος, *esprit*. — Gnomè, de *γναμη*, *ἡ*,
conseil. — Stiboon, de *σ7ειβειν*, *fouler
aux pieds*. — Hormè, de *ὁρμη*, *desir*,
vîtesse. Xénophon le jeune (voy. Arrian, chap. V) avoit une chienne de
ce nom qui étoit d'une vîtesse extrême.

Hβα. Hβη en marge. Leunclave. —
Hυει, manuscrit B. De *ηυει* on arrivera
à *ηβη*, en se rappelant que *β* se prononçoit comme notre *v*, et que *η* et *ει*
avoient le même son (voyez *Θεοσεβεις*,
chap. XI, §. 16). Sur les noms des
chiens voyez Pollux, V, et Arrian,
chap. V, XIX; Colum., *r. r.* VII, 12.

§. 6. Οχ7αμενους. Voy. Arrian, chap.
XXV et XXVI; Pollux, V; Colum.,
r. r. VII, 12.

Ευναια *ιχνη*, *Les traces* du lievre allant à son *gîte* se sentent plus long-
temps que celles du lievre coureur
(voy. chap. V, §. 7): on évitera donc
de lâcher les jeunes chiens sur ces

traces, ils écouteroient trop leur ardeur, ils s'épuiseroient; ce que l'on
n'a pas à craindre sur les traces du
lievre coureur, qui sont beaucoup
moins sensibles. Sur les premieres traces, ευναια, vous tiendrez vos chiens
attachés à de grandes laisses; vous les
laisserez plus libres sur les traces du
lievre coureur, δρομαια (voyez §. 9):
nul inconvénient qu'ils les cherchent
jusqu'à ce qu'ils les trouvent. Voyez
chap. III, §. 8. — Au lieu de ευναια
quelques éditions portent ευραια, leçon indiquée dans Pollux, V.

P. 49, lig. 5. *Tenez-les attachés à
de grandes laisses, les suivant dans
leur quête.* Voilà l'autre sens que j'a-
vois d'abord adopté avec Fr. Portus et
Leonicenus, mais qu'ensuite j'ai re-
jeté. Si ιχνευουσαις devoit se rapporter
aux jeunes chiens, τας σκυλακας, Xénophon n'auroit pas employé le mot
κυσιν; en second lieu κυσιν m'a semblé
faire antithese avec τας σκυλακας; en

troisieme lieu les regles de la grammaire sont ici d'accord avec l'usage, du moins si j'en dois croire un chasseur que je viens de consulter.

§. 7. Καλαι. Brodeau propose καλα.

Ειδη, leçon de Leonicenus, Brodeau, et Estienne. — Ιχνη, ancienne édition et manuscrit A, en marge duquel ειδη avec le signe γρ.

Ιεναι avec l'esprit doux, Zeune. — Je lis ἱεναι esprit rude, d'après Leonicenus, qui traduit, *tum canes emittat.*

§. 8. Ρηγνυνται Arrian, chap. XXXI.

§. 9. Ιεναι avec esprit rude, *envoyer;* ἱεναι avec l'esprit doux, *aller.* Leonicenus a lu ἱεναι avec esprit rude.

Τα δε δρομαια (opposé à τα ευναια du paragraphe 6) εως αν ελθωσι, τα ιχνη μεταθειν εαν. Cette leçon du manuscrit A rend inutiles et la correction et la transposition de Leunclave, qui propose, τα δε δρομαια των ιχνων, εως αν ευρωσι, μεταθειν εαν. C'est ainsi que lisoit Leonicenus, qui traduit, *sed ad*

pedum vestigia transcurrere sinat,
quoad ea invenerint. Zeune admet,
non la transposition, mais le changement de ελθωσιν en ευρωσιν (ou ελωσι,
sous-entendu τον λαγω). Pour moi je
crois devoir conserver ελθωσιν, et je
traduis ainsi : *Laissez-les courir après*
les traces du lievre coureur jusqu'à ce
qu'elles viennent, c'est-à-dire jusqu'à
ce qu'elles se sentent, jusqu'à ce qu'elles *soient :* ηκειν et ερχομαι dans le sens
de *étre.* A l'exemple des Grecs les Latins ont dit : *Gratior et pulchro ve-*
niens in corpore virtus. Virg., AEn.,
liv. V, v. 344. *An deus immensi ve-*
nias maris. Géorg., liv. I, v. 29. Dans
ces deux vers *venio* pour *sum, existo.*

Διδοναι αυταις. Callim. de Spanheim
sur Diane, 89 ; Pollux, V.

§. 10. Μη, ουκ εν κοσμω. Ου manquant
dans les anciennes éditions, on s'est
répandu en conjectures. Ου se trouve
dans mes deux manuscrits. Μη, ουδενι

κοσμῳ ou μη ακοσμως. Leunclave. —
Arrian, chap. XXV.

Τουτον en marge du manuscrit A.

Γιfνονται dans les deux manuscrits.

P. 50, lig. 16, §. 11. Οταν αναιρωνται,
c'est-à-dire, selon Zeune, ὁ͂αν τα
προσφερομενα δεχωνται; idée qu'il re-
trouve chap. VI, §. 2. — *Tunc enim
suspiciunt*, Leonic. — Οταν εὑρωσι τι,
Leuncl. En marge de la premiere édition de Leunclave, et de la derniere
d'Estienne, on lit ὁθεν αναιρωνται. — Οταν
ερρωνται, *cùm valent*, conjecture de
Zeune. Je donne à ce mot une interprétation nouvelle. Est-elle juste? que
les érudits prononcent.

Προς τουτο. Leunclave traduit *ad es-
cas*, pour *ad eum locum ubi ipsis es-
cæ projiciuntur*.

Εις τα πολλα. Ὡς τα πολλα, Estienne.
Zeune blâme justement cette correction, par la raison que l'on dit également εις τα πολλα ou ὡς τα πολλα. On

16

dit aussi ὡς επι τα πολλα, επι το πολυ, et ὡς επι το πολυ. Voy. chap. X, §. 6.

Αυτον, sous-entendu κυνηγετην.

Οταν μεν γαρ. Οταν γαρ μη. Leuncl. — Même pensée, chap. II, §. 3. Περι ιππικης.

~~~~~~~~~~~~~~~~~~~~~~~~~~~~

NOTES DU CHAPITRE VIII.

§. 1. ΙΧΝΕΥΕΣΘΑΙ, sous-entendu δει. — Δυσζητητος, sous-entendu ο λαγως, singulier à remarquer après τυς λαγως, accusatif pluriel, énallage, figure commune dans Xénophon. — Ει ενεσ̃αι μελαγχειμα, *hiems absque nive*, Leonicenus. — *Si nives liquescant ita ut loca quædam, quasi insululæ, in mediis nivibus nive careant, atque ita nigrescant.* Fr. Portus. C'est le sens que j'ai adopté.

Βορρειον, sous-entendu πνευμα. Βοξειον dans le manuscrit A, et au-dessus du ν un σ en caractere rouge,
~~~~~~~~~~~~~~~~~~~~~~~~~~~~

avec le signe γρ aussi en caracteres rouges et de la même main.

Νο7ιος, sous-entendu ανεμος.

Ουδεν δει, sous-entendu ιχνευεσθαι. —Ουδε, αν πνευμα, pour ουδε δει ιχνευεσθαι, αν.

§. 2. Εχον7α (sous-entendu τον κυνη[ε-7ην) se trouve dans les deux manusc. — Εχον7ας. Wels. La premiere leçon va mieux avec λαβον7α, ηκον7α, ποιουμενον ζη7ουν7α, et autres participes singuliers ci-après. Z.

Την οσμην. La conjonction και, que Zeune desireroit avant την, manque dans les manuscrits ; omission dont nous trouvons des exemples.

§. 3. Εις το αυ7ο dans mes deux manuscrits. Leunclave lit εις τα αυ7α, et traduit *in eadem ;* correction très gratuite. Εις το αυ7ο, sous-entendu χωριον, *in eumdem locum.* — Le manuscrit B, au-dessus de αυ7ο, met un signe de doute.

Εκπεριεναι. Le manuscrit B porte εκπροιεναι ; faute provenant, 1° de ce que οι se prononce ι, 2° de ce que le calligraphe n'aura pas apperçu ε après π, περ étant écrit par abbréviation.

Οποια. Wels, d'après Estienne, lit ὁποι.

Τεχναζειν. AElien, Anim., liv. VI, chap. 47 ; Buffon, t. VIII, in-12.

§. 4. Επει δ' αν φανη. Επιδαν λαϐη, manuscrit B. Επιδαν, faute provenant de ce que ει se prononce ι. — Επειδαν, manuscrit A. — Δει δε επειδαν et επειδαν δε, double conjecture d'Estienne.

§. 5. Προσιεναι. Cast., Hal., Bryl., προσειναι.

§. 6. Μενει. Bryll., μενειν.

Λειπομενη, sous-entendu ὡρα.

§. 7. Ηκοντος δε τουτου. *Ubi ita acciderit, ut plures indagati sint lepores, nec ad plures investigandos tempus diei suffecerit.* Ce qui suit me semble démentir cette interprétation de Zeune. *Quod ubi acciderit*, Leonicenus et Brodeau. — *Cùm satis temporis erit.* Leunclave, dans cette derniere version, donne le vrai sens : seulement ajoutons que ἡκοντος τουτου signifie littéralement, *quand cela est.* Sur ἡκειν dans le sens de *être*, voyez chap. VII, §. 9, au mot ιεναι, ch. IX, §. 5, au mot τουτου γενομενου.

Περιλαμϐανοντα. Le manuscrit A porte περιλαμϐανοντας.

Προς αυτῳ, sous-entendu τοπῳ.

§. 8. Εαν εκκυλισθη. Même en formant une enceinte il pouvoit échapper à travers les mailles. On se rappellera qu'elles étoient de deux *palestes*, c'est-à-dire deux fois la paume de la main.

Απαϛορευει. Ει et η se prononçant de même, il ne faut pas s'étonner que les anciennes éditions aient απαϛορευη.

~~~~~~~~~~~~~~~~~~~~~~~~~~~~~~~~

NOTES DU CHAPITRE IX.

§. 1. ΙΝΔΙΚΑΣ. Sur les chiens des Indes, voy. Pline, Hist. nat., l. VII,
~~~~~~~~~~~~~~~~~~~~~~~~~~~~~~~~

chap. 2, et liv. VIII, 28; AElien, Hist. Anim., liv. VIII, chap. I; Oppien, Cyn., I, 413.

Του πϱος. Castalion porte το πϱος; c'est aussi la leçon du manuscrit Λ. Voyez Aristote, Hist. Anim., liv. VI, c. 29; Oppien, Cyn., II, 185 et suiv.

§. 2. Τας οϱξαδας. Alde porte, ainsi que le manuscrit A, τους οϱξαδας. Voy. chap. X, §. 19.

Πλεισ]αι. Junte et autres anciens éditeurs. — Πλεισ]οι, Estienne.

Αϰον]ια. Pollux, III.

§. 3. Αμα δε τη ημεϱα. Δε manque dans le manuscrit A.

Ευναϭϰειν. Estienne lit ευναϭειν, sans doute parcequ'il a jugé que μελλω ne devoit se construire qu'avec le futur; il s'est trompé. Voy. Viger, p. 254.

§. 4. Αυ]ον δε. Δε manque dans le manuscrit A.

Διαμαϱ]ησε]αι. Διαμαϭ]ηϭ]η]αι, manuscrit B. Je doutois du premier σ, j'en trouve un figuré de même au mot αφηρπασμενον, §. 19 de ce ch. manus.

Αλλοιουνται. Οι et ι ayant même prononciation, il ne faut pas s'étonner de voir αλιουνται dans Junte, Alde, Hal., et Bryl.

Η οἱ, sous-entendu κυνηγετη. Η οἱοι, Estienne.

§. 5. Εψυσμενος. Εφυσμενος dans les deux manuscrits.

Τουτου δε γενομενου. Voilà la véritable scholie de ηκοντος τουτου, ch. VIII, §. 7.

Το ὑγρον, sous-entendu γαλα, selon Zeune. J'entends ce mot de l'humidité de la rosée.

§. 7. Τῳ αυτῳ. Συν τῳ αυτῳ, Castal.

§. 8. Χαλεπως. Voy. Pollux, V.

Οτε δε. Voy. chap. V, §. 8. Estienne propose ὁτε μεν avant εν μεσαις.

Τῳ οπισθεν. Το οπισθεν, manuscrit B et anciennes éditions, excepté Cast.

§. 10. Βιασθεισαι δε τουτο, sous-entendu κατα. Ce passage a été bien tourmenté par les commentateurs. Leunclave coupe le premier mot, et lit βια qu'il reporte à la fin du para-graphe précédent, et ensuite θεοντος δε τουτου, conjecture adoptée par Wels. Zeune rapporte βιασθεισαι à κυνες, qui vient après, et traduit, *les chiens qui sont forcés de courir, le faon prenant la fuite. Quòd ubi coactæ fuerint*, dit Leonicenus. Mais entend-il *coactæ* des chiens ou des cerfs? Serai-je plus heureux que mes devanciers, en disant que βιασθεισαι se rapporte, non à κυνες, comme le prétend Zeune, mais à ελα‑φοι? alors βιασθεισαι seroit un nominatif absolu. Il y en a une foule d'exemples dans les auteurs grecs.

Εοικος. Εικος, manuscrit A. Οι se prononçant ι, on conçoit encore ici pourquoi les uns ont écrit εικος, les autres εοικος: au reste εικως ou εοικως ont même signification.

§. 11. Ποδοστραβαι. Le même *podostrabe* s'appelle ποδαςρα (Cyrop., liv. I, 6, 19) et ποδαςρεια dans Poll., V. Ποδος ςραβαι, manuscrit B.

Ναπας. Voyez chapitre V, §. 15.

§. 12. Σμιλακος, sous-entendu εκ, comme dans le paragraphe suivant au mot σπαρλου.

Στεφανας. Voy. Pollux, V.

§. 13. Επι την σλεφανην se trouve dans mes deux manuscrits. Estienne a corrigé avec raison περι την σλεφανην. Voy. Pollux, l. l.

Βροχος αυλος. Αυλυ dans le manusc. A.

Στιφρος. On lisoit σλειφρος avant Estienne, leçon plus voisine de σλεφρος du manuscrit B.

Μεγεθος, sous-entendu καλα.

§. 15. Επι μεν το βαθος την ποδοσλραβην επιθειναι καλωλερω ισοπεδον. A la place de την ποδοσλραβην je lis, avec le manuscrit A et les anciennes éditions, ποδο-σλραβης, et je construis ainsi ce passage difficile : επι το βαθος ισοπεδον επιθειναι καλωλερω (sous-entendu τα ονλα) της πο-δοσλραβης, *à une profondeur égale*, c'est-à-dire de niveau, *il faut placer la partie inférieure du podostrabe.*

Je rapporte ισοπεδον à βαθος. On pourroit encore regarder ισοπεδον comme adverbe, en sous-entendant εις. Alors on traduiroit ainsi : *sur la fosse il faut placer de niveau, etc.* En lisant ποδοσΊραδην, καΊωΊερω sera pris, non adject. mais adverb., et voici le sens que l'on aura : *mettre le podostrabe sur la fosse au fond*, c'est-à-dire au fond de la fosse. Mais peut-on supposer que Xénophon recommande de placer le podostrabe au fond de la fosse?

Le manuscrit B leve toute difficulté sur ποδοσΊραθην ou ποδοσΊραθης, car il ne met ni l'un ni l'autre, et sa leçon me paroît très intelligible. La voici : ποιησανΊα δε ταυΊα, επιθειναι καΊωΊερω ισοπεδον, *cela fait on posera le podostrabe de niveau à la partie inférieure de ce podostrabe.* Xénophon ayant dit dans la phrase précédente ισΊαναι ποδοσΊραθας, il n'est pas difficile de sousentendre ποδοσΊραθας après επιθειναι; cette ellipse n'a rien d'insolite. A καΊω-

Ἱερῶ je sous-entends κατα τα, ce qui me semble encore raisonnable ; car ce n'est pas du *podostrabe* tout entier, mais seulement de la partie inférieure qu'il doit être ici question. Voilà les différentes interprétations dont me paroît susceptible ce passage difficile ; Je préfere le premier. *Viderint peritiores.*

Δοκιδας, des *branches d'épine.* — Ακιδας, conjecture de Leunclave.

Ατρακτυλιδος. — Αστρακτυλλιδος, manuscrit B ; le manuscrit A porte en marge ατρακτυλιδος avec le signe γρ.

Πεταλα. Voy. Pollux, l. L.

§. 16. Ανωθεν δε ταυτα. Ανωθεν δ' επι ταυτην, Leunclave. J'aimerois mieux, s'il falloit corriger, lire, avec Zeune, ανωθεν δ' επι ταυτα ; mais je crois le texte bon en sous-entendant επι à ταυτα. Επι ταυτα, *super illa (s. quæ jam terra egesta sunt occultata) injiciatur terra solida quæ procul ab eo loco, ubi insidiæ illæ sunt structæ, est effossa.*

Estienne, jugeant forcée cette ellipse de επι, lit ανωθεν δε ταυτης (ταυτης régi par ανωθεν).

Την τε περιουσαν. Pollux, l. l.

§. 17. Πρωι Voy. chap. VI, §. 6, au mot ορθρον. Ici le sens de πρωι encore bien déterminé. Ammonius, pour établir la différence qui existe entre ορθρον et πρωϊ, ne pouvoit mieux faire que d'indiquer ce passage et ceux du chapitre VI.

§. 18. Κατα τον ολκον. Voy. Pollux, l. l. — Κατα manque dans le manuscrit B, et certes la phrase peut se passer de κατα; littéralement, *examinant la trace du bois où elle porte;* idiotisme imité par les Latins, quand ils disent, *novi hominem quis sit* pour *novi quis sit homo.* J'étois tenté de renfermer dans des crochet κατα comme suspect : j'y ai renoncé, le trouvant dans le manuscrit A. Voyez Pollux, l. l.

§. 19. Αφελκομενον. — Εφελκομενον,

Leunclave, Estienne ; conjecture très plausible, mais non autorisée. Voyez Pollux, l. l. — Εφελκομενον peint à merveille l'embarras de l'animal qui tire ce *podostrabe*.

§. 20. Θαλασσαν. Ils se précipitent dans *la mer*. Voy. Callim. de Spanh., Dian., 107 ; AElien, Anim., liv. V, chap. 56 ; Oppien, Cyn., II, v. 217.

~~~~~~~~~~~~~~~~~~~~~~~~~~~

NOTES DU CHAPITRE X.

§. 1. ΙΝΔΙΚΑΣ. Voyez Pollux, V, 5 ; Xénophon, chap. IX, §. 1, et Gratius, note du vers 161.

Αρκυς. Remarquez que, pour la prise du sanglier, il veut, non des *dictua*, filets à surface plane, mais des *arcus*, filets concaves.

Προβολια. Jungermann a lu προβολεια dans un manuscrit. Ει se prononçant comme ι, on conçoit que parmi
~~~~~~~~~~~~~~~~~~~~~~~~~~~

les copistes à qui l'on dictoit, les uns ont pu écrire προβολια, les autres προ-βολεια.

Ποδοστραβας. Voyez chap. IX, §. 11 et 14.

§. 2. Αρκυς. Les *arcus* étoient de même lin que ceux du lievre, mais avec cette différence, que l'on composoit le cordeau de trois cordelettes réunissant quarante-cinq brins de lin, et que chacune des trois cordelettes avoit quinze brins, tandis que la cordelette des *arcus* destinés à la chasse du lievre n'en avoit que neuf.

Cast., Hal., et Bryll., μετα των αυτων.

Πεντε και — λινοι. Estienne, à cause de μεν du membre précédent, propose ἐστωσαν δε πεντε και τετταρακοντα λινοι. Je pense avec Zeune qu'il ne faut point admettre ce changement, que d'ailleurs n'indiquent point mes manuscrits.

Οἱ περιδρομοι. Περιδρομος, opposé à επιδρομος, désigne la corde inférieure du filet ; mais seul, comme ici, ce mot me semble signifier la corde passée dans la derniere rangée des mailles tant supérieures qu'inférieures. — Εϖ' ακροις, sous-entendu αρκυσιν. — Εχε]ωσαν, sous-entendu αἱ αρκυς. — Υφεισθωσαν, sous-entendu οἱ δακ]υλιοι. Portus ne sait de δακ]υλιοι ou de περιδρομοι lequel il reconnoîtra pour sujet de ὑφεισθωσαν. — Το δε ακρον αυ]ων εκ. ε. δ. τ. δ. L'*arcus* finissant en pointe, comme nous l'apprend Pollux, et le mot ακρον signifiant *pointe*, comme το ακρον του ταιναρου, *la pointe du tænare*, j'ai cru d'abord que αυ]ων se rapportoit à αρκυων, sous entendu ; mais j'ai bientôt abandonné cette construction, que je crois irréguliere, pour rapporter αυ]ων à περιδρομων. — Leonicenus et Leunclave traduisent ακροις par *fastigiis*, sommité, faîte. Au lieu de ὑφεισθωσαν, je lis ὑφισθωσαν dans le manuscrit B. —Le ms. A porte ἱκανοι, que je construis avec δακ]υλιοι sous-ent. On lit dans le manuscrit B *ἱκαναι*, sous-entendu *ἀρ-κυς*. Brodeau se déclare pour *ἱκανοι*.

§. 3. *Ξυκρας*, manuscrit B. *Ξυνας*, manuscrit A. *Ξυρηκεις*, Zeune, d'après Pollux, liv. V, chap. 20. Dans d'autres éditions, *ξυκερας* et *ξυηρας*. Pollux lit *ξυρηκεις*.

Αυλον se lit dans le manuscrit B, *καυλον* dans le manuscrit A. On entend par *αυλος* la partie creuse du fer d'une pique, le trou où le bois s'enchâsse dans le fer. *Οπη, ἡ το ξυλον εμ-βαλλεται* (voyez Eustathe; voyez aussi Pollux, l. 1). A l'*aulos* des Grecs répond notre mot françois *douille*, manche creux d'une baïonnette ou d'une pique, en général canal, anneau ou tuyau de métal. *Καυλον*, de *καυλος, ου*, d'où le latin *caulis*, signifie *tige d'une plante quelconque*, et, par extension, *le bois d'une fleche* ou *d'une pique* qui entre dans le fer, *la garde d'une épée*. Liv. X, vers 156 de l'Odyssée, Homere emploie une fois le mot *αυλος* en composition, *αιϛα-*

ντας δολιχαυλους; mais καυλος s'y trouve assez fréquemment employé : ainsi Il., XVII, v. 607, εν καυλω εα[η δολιχον δορυ, *sa longue pique se brisa à l'endroit où le fer s'enchâsse dans le bois :* ainsi Il., XVI, v. 114 et suiv., Hector, de son large cimeterre, et de très près, déchargea par derriere un coup sur la pique d'Ajax *près de l'endroit où le fer entre dans le bois,* παρα καυλον.

Αυλος nous donne l'idée de la partie creuse d'une arme de fer dans laquelle le bois s'enchâsse, et καυλος, dans les exemples cités, suppose une arme dont le fer s'enchâsse dans le bois que j'appellerois καυλος. Ces deux mots ne sont donc point du tout synonymes, comme le dit Estienne dans son Trésor.

Parmi les éditeurs de Xénophon, les uns lisent αυλον, les autres καυλον : laquelle des deux leçons nous paroîtra préférable? la premiere, je crois. Ce n'est assurément pas au milieu de la hampe que Xénophon place ses tra-

17.

verses de cuivre, c'est au milieu de la douille ou manche creux du fer. — Leonicenus traduit obscurément, *in medio fistulæ;* Leunclave, plus obscurément encore, *ubi spiculum hastili admittitur.* Où est καῖα μεσον, qui désigne avec précision où doivent se placer les traverses de cuivre? et puis *spiculum hastili admittitur* ne présente-t-il pas une idée fausse?

Ραϐδους κρανεινας. — Ραυδους κρανεινας, manuscrit B. Ραυδους provenant de ce que β et υ se prononcent comme notre ν; ainsi αυῖος se prononce *aftos.* — Κρανεικς, κερανεικς, anciennes éditions. — Voyez Xénophon, περι ἱππικης, chap. XII, §. 12. Voyez Pollux, qui lit κρανιας.

Δοραῖοπαχεις. Δουραῖοπαῖεις, Pollux.

Υπο πολλων. Vous retrouverez la même pensée, Il., I', v. 540.

§. 4. Υπαῖειν κυνηῖεσιον. Κυνηῖεσιον s'entend ici, non du butin fait à la chasse, mais des chiens. Υπαῖειν ne signifie pas ici, comme ailleurs, *faire marcher à reculons, en arriere* (voyez ὑπαξον, Odys., VI, vers 72, 73, et Il., XXIV, vers 279, 280), mais *amener avec ruse, avec précaution*. La preuve de cette interprétation me semble fondée sur la phrase suivante, où il est recommandé de tenir tous les chiens en laisse, à l'exception d'un chien de Laconie qu'on lâchera et que l'on accompagnera dans ses tours et détours. Leunclave a donc mal traduit, *adducere prædam venatu capiendam*. — *Canum gregem subducere*, Leonicenus. *Subducere* n'est pas le mot. Voy. chap. VI, §. 12, à προς την ὑπαξωξην τ. χ.

Λαχενων. Αι et ε se prononçant de même, on voit un vestige de l'ancienne prononciation.

§. 5. Ηξουμενη αχολουθια, *Ducentem per ea comitando sequi debent*, Leunclave. — *Sequatur deinceps quo tenor duxerit*, Leonicenus. Τη ιχνευσει

pour τη κυνι ιχνευουση. Ιχνευσει régi par
ἑπεσθαι et ακολουθια par ἡγουμενη : ἡγουμενη s'accorde avec ιχνευσει.

§. 6. Επι το πολυ, et ensuite ως επι
το πολυ, et ὡς τα πολλα, §. 7; voyez
chap. VII, §. 11, à εις τα πολλα.

§. 7. Οδ', énallage de genre, car το
θηριον a précédé, à moins que l'on ne
sous-entende, avec Zeune, ὑς αξιος.

Λαβοντα. Λαβοντας, manusc. A et B.

Αποθεν απο. Estienne regarde απο
comme mauvaise répétition de la premiere syllabe de αποθεν. Quoique αποθεν se construise ordinairement avec le
génitif et avec l'ellipse de απο, cependant l'αποθεν απο κλεμματος d'Eschines,
cité par Estienne lui-même, ne doit-il
pas justifier l'απο de Xénophon. Z.

Ορμους. — Ωρμους, manuscrit A, et
ορμους en marge avec signe γρ.

Αποσχαλιδωματα. Voyez Pollux, V.

Αυγαι dans les deux manuscrits. —
Αυται, anciennes éditions.

Οπως, sous-entendu φυλακτεον. Avant

ὅπως je pense qu'il faut un point en haut. Zeune met une virgule, et par conséquent n'admet point l'ellipse que je propose.

Ὑπὲρ δὲ ἑκάσ]ης εμφρατ]ειν τη ύλη και τα δυσορμα, *Supra singulas plagas etiam aditu difficilia loca ramis arborum obstruant*, Leunclave. — *Singulis loca adjacentia claudat materia cæsa, et in ea quæ difficilè poterunt penetrari, ut faciliùs in retia cursum dirigat, tum scilicet nullum alium locum sibi pervium relictum videat*, Fr. Portus. C'est la même pensée que nous retrouvons dans ce vers 49 de Gratius, *tu licet æmonios includas sentibus ursos*, à l'occasion duquel le célebre Vlitius cite notre passage de Xénophon, qu'il traduit ainsi : *utrinque verò sentibus omnia obstruenda sunt, etiam ea quæ invia, ut rectò in casses cursu feratur, neutiquam declinans.* Notre critique s'applaudit de cette version, que je crois bonne en effet , et il ajoute que ses devanciers n'y ont rien compris. Il n'avoit donc pas lu Leonicenus, qui traduit, *utrinque verò arborum ramis claudat ea etiam quæ facilè adiri non possunt.* S'il y a quelque différence dans ces deux versions, n'est-elle pas à l'avantage de Leonicenus? *Arborum ramis* n'est-il pas plus près de ὑλη que *sentibus*, qui signifie *épines, ronces, buissons?* Ici, où Leonicenus offre le véritable sens , Vlitius se garde bien de le citer ; ailleurs il le nomme très injustement *miserrimum omnium interpretem* (voy. vers 49 de Gratius et la note du commentateur). Quel dommage de rencontrer des injures où l'on ne devroit voir que le desir de s'éclairer !

§. 9. Της ευνης. Εγγυς ne régissant point le génitif , ευνης suppose l'ellipse de απο. Ainsi ευγυς της πολεως pour εγγυς απο της πολεως. Voy. Vig., p. 474.

Επεισιασι. — Επιασι, Leunclave. —

Επισιασι, anciennes éditions et manuscrit A, qui porte en marge επιασι.
— Επισειασι, manuscrit B. Ει au lieu
de ι, à cause de l'uniformité de prononciation de ces deux syllabes.

Αναρριψει. Littéral. : *Il le jettera en
l'air, il le fera sauter en l'air.* Force
de ανα à remarquer. *Ea retrudit* de
Leonicenus me semble rendre mal la
pensée.

Απεδον. Απαιδον, manuscrit B; altération provenant de ce que αι se prononçoit ε. Leunclave prétend qu'ici,
et chap. VI, §. 9, il faut lire επιπεδον,
comme si l'α de απεδον n'étoit pas aug-
mentatif. Le commentateur de Pollux
(chap. V, §. 27, note du mot καλει) regarde comme suspect ce mot que Thucydide prend aussi dans le sens aug-
mentatif. Απεδον opposé à καταφερες.
Voyez chap. VI, §. 9.

§. 10. Αυτω ακοντιζειν. Pour prouver
l'inutilité de la correction d'Estienne,
qui veut αυτον, on cite ce passage de

Thucydide, liv. VII : *οἱ αυτοις ακοντι-ζοντες.*

Τον περιδρομον. Την περιδρομην, Junt., Hal., Bryll.

§. 11. Κατατειναι, Junt., Hal., Bryll., et manuscrit B καταθειναι.

Απτεσθω. Επεσθω, manuscrit B et anciennes éditions. Voyez Pollux, V, 27.

§. 12. Διαβαντα η εν παλη... Voy. *δια-Caινω* dans le sens d'*écarter les jambes,* dans le traité d'Équitation de Xénophon, chap. I, §. 14 : il y oppose *δια-Caινοντες* à *συμβεβηκοτες,* qui exprime l'action contraire de *rapprocher les jambes.* — Εν παλη. Εμπαλιν dans les deux manuscrits. Voy. Pollux, l. l.

Εισβλεποντα. Voyez Pollux, l. l.

Η γαρ ρυμη επεται, *Is enim impetus fit qui excutere possit,* Leonicenus. Leunclave corrige τη γαρ ρυμη της εκ-κρουσεως επεται, et traduit, *quippe sequi solet aper excussionis impetum.* Démosthene a dit dans le même sens,

ρυμη της οργης, l'*impétuosité de la colere.* Zeune propose d'abord ἡ γαρ
ρυμη τη εκκρουσει επεται, tandis que,
sans rien changer au texte, on peut
construire επεται avec le génitif en
sous-entendant μετα. Aristophane,
dans son Plutus, dit, ἑπου μετ εμου,
παιδαριον, pourquoi Xénophon ne di-
roit-il pas επεται της εκκρουσεως? Dans
la premiere phrase je vois la préposition μετα exprimée ; elle seroit sous-
entendue dans la seconde. On veut
absolument après επεται ne pas voir
d'autre cas que le datif; c'est d'après
ce principe que, dans Pindare, un savant illustre (Olymp. VI, v. 120 et
suiv.) n'a pas voulu construire γενος
Ιαμιδαν avec εσπετο. Cependant ne seroit-il pas très naturel de faire régir
le mot γενος par une préposition
sous-entendue? En admettant cette ellipse dans le poëte thébain, la phrase
seroit moins coupée, moins hachée,
et par conséquent plus pindarique. Au

reste je ne propose cette observation qu'avec une juste défiance, puisqu'elle est contraire à celle de l'illustre M. Heyne.

Dans les deux exemples, l'un de Xénophon, l'autre de Pindare, il y a, ce me semble, ellipse, figure qui disparoîtroit si l'on osoit dériver επομαι de ομαι et de επι, je vais *à la suite de.*

§. 13. Επι σ]ομα. Voyez Pollux, l. l.

Εχον]ι. Εχον, et au-dessus τι de la même main, à ce qu'il me semble, manusc. A. — Εχων προσπεση, manusc. B.

Υπολαβειν σωμα, *Prendre le corps en-dessous.* Leonicenus traduit, *Corpus adipisci non potest. Adipisci,* inélégant, et de plus ne rend nullement la force de υπο. On lit υποβαλλειν dans Pollux. Le savant Kuhn a bien jugé en admettant υποβαλλειν, mais il a mal traduit par *corripere, prehendere.*

§. 16. Προ]ειναι. Προθειναι, quelques éditions. — Προθηναι, manuscrit B, parceque η et ει se prononcent ι. —

Πρῶτειναι, Estienne, et, pour n'être pas de l'avis d'Estienne, Leunclave propose προστειναι.

Εντος της ωμοπλατης. L'omoplate étant un os très dur, εντος signifiera, non *au-dedans*, mais *entre* les deux épaules.

Η ἡ σφα̈η. — Η εσφα̈η, manuscrits A et B, d'où la version de Leunclave, *ubi vulneratus est.* — Leonicenus, qui traduit, *quâ parte jugulum est*, a évidemment lu ἡ ἡ σφα̈η. Voy. Pollux, II. — Estienne cite dans son Trésor ce passage de Plutarque : εις σφα̈ην ὑων ωθουντες οϐελους.

Οἱ κνωδοντες. Voyez Pollux, l. l.

§. 17. Τεθνεωτος. L'aoriste exprimoit le fait de l'action sans rapport à aucune époque déterminée ; le parfait détermine l'époque, et une époque récente : *il vient de mourir tout récemment.* Voyez chap. I, §. 6, τεθνεωτας ; p. 52 et 33 de ma Grammaire.

Τον οδοντα. Zeune pense que Leonicenus a lu τους οδοντας, parcequ'il a traduit *dentes*, et parceque d'ailleurs nous avons ensuite θερμοι et διαπυροι. Leonicenus a sans doute lu τον οδον7α, et aura traduit *dentes* parcequ'il voyoit, ainsi que Zeune, énallage. Voyez Pollux, V.

Διαπυροι. Υ et ει se prononçant ι, il ne faut pas s'étonner que le manuscrit B porte διαπειροι. — Διαπυρον, quelques éditions.

Περιεπιμπρα. Περιεμιπρα, manuscrit B. — Περιεπιπρα, anciens éditeurs, Alde excepté.

§. 18. Και πλειω ε7ι. Ετι manque dans le manuscrit B.

Ωσθεις. Ως θεις, Junte. — Ωθεις, Cast. — Ωσθεις, *renversé* d'un coup de son arme. Cette arme c'est évidemment son boutoir, mot que j'ai cru devoir éviter. Dans tout ce chapitre Xénophon est poëte, et les poëtes évitent les mots techniques; ils amusent l'imagination, ils veulent qu'on les devine.

Εχοντα ουν ου χρη. Le manuscrit B porte εχοντα ουν χρη sans ου.

Ακων. Ακον, manuscrit A, et au-dessus de ο un ω.

§. 19. Αγκη. Αγξη, Ald.

Επι τας διαβ. — Τραχεα. *In transitu saltuum ponuntur, ad nemora, ad valles, ad clivos*, Leonicenus. J'ai été d'abord tenté de construire sans virgule επι διαβασεις ναπων εις τους. Je me suis enfin décidé pour la construction de Leonicenus. — Ναπη. Je n'ose garantir le sens que je donne à ce mot. Voyez chap. V, §. 15.

Εισβολαι δε, sous-entendu εισιν. Leunclave veut η εισβολαι εισιν, et traduit, *ubi patent aditus ad*, etc. Rien, ce me semble, à changer au texte. Après δε sous-entendez εις.

Οργαδας. Οργας αδος pour αργας αδος, dit le célebre Künh, signifie *terre inculte, terre où ne passe point le soc de la charrue*, et, par extension, *terre consacrée ;* car il n'étoit pas permis

18.

de cultiver un champ sacré, témoin l'Athénien Anthémocrite, qui fut tué par les Mégariens à qui il intimoit la défense de cultiver un champ sacré (voy. Suidas, au mot *Anthémocrite*). Voilà l'idée que nous donne de ce mot Pollux, liv. I, 10, et liv. V, 14; mais liv. I, 228, ὀργάδες s'entend de terrains cultivés, ensemencés; interprétation bien opposée à la premiere, et sur laquelle le célebre Kühn garde le silence.

Selon Suidas ὀργάς s'entend d'une terre grassse et fertile, d'une terre plantée d'arbres.

Il s'entend aussi d'une terre noire bien arrosée, selon Bentley. Voyez Callimaque de Spanheim, p. 551.

Ces significations différentes dérivent-elles de deux racines différentes dans ὀργάς, ou d'une signification primitive ignorée des lexicographes? c'est ce que je n'examinerai point ici: je me bornerai à déterminer le sens de ὀργάδας dans Xénophon. Chap. IX, §. 2,

je traduis ορ[αδας par *bois* ou *bocages:*
les bois sont en effet l'habitation ordinaire des cerfs. Mais dans le paragraphe 19 de ce chapitre X, je crois qu'il
doit se prendre, avec Bentley, dans le
sens de *lieux humides*, sens indi-
qué par ελη et υδαλα, et d'ailleurs con-
firmé par le témoignage des naturalistes, qui disent que les sangliers se
plaisent dans les lieux humides et ma-
récageux, où ils trouvent des vers et
des racines en quantité. Voyez Buffon,
t. VI, in-12, p. 300. Si ma conjecture est bonne, ορ[αδας ne peut signifier *lucos*, bois sacré, ainsi que le
veulent Leonicenus et Zeune : encore
moins signifiera-t-il *terres ensemencées.* Xénophon, qui, chap. V, §. 34,
commande de les respecter, ne peut
recommander au chasseur d'y poursuivre un animal qui y feroit beaucoup de dégât (voy. Buffon, t. VI,
p. 299, in-12). Je finis par une observation sur ορ[ας traduit dans Pollux
par *terre consacrée.* Suidas lui donne

cette signification, mais en l'accompagnant de ἱεραν.

Επαζουσι. De Επαζω, επακτηρ *chasseur*.

§. 21. Προσιεναι τα προβολια. Zeune soupçonne que Xénophon a écrit προιεναι, qui se dit de *emittendis jaculis :* mais ici il ne s'agit point de décocher des traits ; le προβολιον n'est pas un trait qu'il faille lancer, c'est une arme qu'il faut bien tenir et bien défendre. « Prenez garde, dit Xénophon (§. 12), « que, par un mouvement de tête, il « ne fasse sauter l'arme des mains ; il « est aussitôt sur l'homme ». Xénophon n'a donc pas dû employer le mot προιεναι, *décocher*, mais celui de χρησθαι, *se servir*, comme au paragr. 22. Il faut donc lire, non προιεναι, mot impropre, mais προσιεναι, qui se lit dans mes deux manuscrits, et qui d'ailleurs, même à l'actif, se trouve dans le sens d'*admettre, employer*. Nous lisons (liv. IV de l'Anab.) ου προσιεσαν

προς το πυρ τους οψιζονίας, *ils n'admi-*
rent pas les traîneurs à leur feu.

§. 22 Ουκ αν διαγε ορθως ποιειν πασχοι.
Sans ces mots, qui manquent absolument dans le manuscrit B , la phrase
est intelligible : on pourroit citer des
exemples d'ellipses aussi fortes.

Τοποις. Voy. chap. IX , §. 11 et suiv.

Αἱ προσοδοι, *aditus*, l'action d'abor-
der le sanglier. — Chap. XII, §. 2, εν
ταις προσοδοις, quand il s'agira d'abor-
der l'ennemi. — Au figuré, προσοδοι,
revenus. Chap. I, §. 2; II, §. 1 et 7
du traité περι προσοδων. Nous retrouvons le προσοδοι de Xénophon dans ce
vers 334 de Gratius : *Quod nisi et ac-*
cessus et agendi tempora belli, nove-
rit. Voy. sur ce vers la note de Vlitius.

§. 23. Νεοζευη. — Νεοζυη dans les anciennes éditions. — Estienne propose
νεοζευη ou νεοζυα, qui se trouve chap. V,
§. 14, et chap. IX, §. 1. Je crois devoir préférer νεοζευη, leçon des deux
manuscrits.

Μονου῀]αι. Au lieu de lire μονουν῀]αι avec Estienne, je conserve μον᾽]αι avec Zeune, en donnant à ce verbe τα νεο[ενη pour sujet.

Εως αν μακρα η, *Jusqu'à ce qu'ils soient grands.* Leunclave lit μικρα, tant qu'ils sont *petits :* mais ἑως dans ce sens ne se construit, je crois, qu'avec l'indicatif.

Οταν τε... Ου῀]αν, manuscrit Λ.

Ων αν ωσιν, *Ubicumque fuerint.* Leonicenus, qui traduit ainsi, a donc lu οὐ ou ὁπου. — Zeune conserve ὡν αν ωσιν, et traduit, quorum *nempe* catulorum *sunt superstites parentes.*

<hr>

NOTES DU CHAPITRE XI.

§. 1. ΛΕΟΝΤΕΣ. Sur les lions, les pardalis, les panthers, voy. un extrait de ma Disertation, vol. des Mêlanges.

Τ' αλλα. Voyez Pollux, V; Arrian,

chap. XXIV; AElien, Anim., VII, 6.

Πινδῳ. Πιδῳ, manuscrit A.

§. 2. Φαρμακῳ. Voy. Callimaque de Spanheim, D., v. 85; Pollux, V; Oppien, Cyn., IV, 77.

Οτῳ αν ἑκασῖον. Voy. AElien, Anim., XVII, 3ı.

Προσιη. Προση du manuscrit B me paroît tout aussi bon que προσιη. Quoi qu'en disent Estienne et Zeune, je ne vois pas de différence entre l'un ou l'autre.

Εν τη νυκῖι. Εν manque dans le manuscrit B.

NOTES DU CHAPITRE XII.

§. 1. ΤΑΔΕ, sous-entendu καῖα τα ϭνῖα.

§. 2. Απερουσιν. Απορουσιν dans Stobée. Je préfere απερουσιν, plus exquis, et leçon des deux manuscrits. Απερουσιν, de απειρω ou de απειρω pour ceux qui veulent des seconds futurs. Ειρω ou ερω, *je dis,* απειρω, *je me dédis.*

§. 3. Καρ]ερειν. Κρα]ερειν, Cast., Hal., et B.

§. 4. Και αυ]οι dans mes deux manuscrits.

P. 76, lig. 12, §. 6. Σπανιζον]ες. L'Attique, pays montueux et infertile, seroit peut-être restée à jamais une contrée pauvre et mal peuplée, si la sagesse de Thémistocle ne fût venue au secours de la nature, et n'eût deviné ses vues. Voyez Xénophon, chap. I des Revenus de l'Attique; voyez sur-tout le célebre Meiners, Hist. des sciences dans la Grece, t. III.

§. 7. Μη νυκ]ερευειν. Encore une loi relative aux chasseurs.

§. 8. Ευ]υχουν]ες ησθανον]ο. Les Latins ont dit de même, *Sensit medios delapsus in hostes.*

§. 9. Αφαιρουν]αι. Αφερουν]αι, man. B. Αι et ε se prononçoient de même.

Ενηυξησαν, Alde et Estienne. Ενκυξη-σαν, Junte et Alde : de là εſκυζησαν dans Castal., qui en marge écrit ενηποιησαν.

§. 10. Οτι οι. Οι manque dans Cast.

§. 12. Τα χειρω. Voyez chap XIII, §. 10, βελτιω opposé à χειρω y rappelle le *video* meliora *proboque*, deteriora *sequor.*

§. 13. Αναισθηλως. Ανεσθηλως, manuscrit A. Αι et η même prononciation.

§. 15. Παρασχονλες. Πασχονλες, manuscrit A. Je préfere παρασχονλες à παρεχονλες d'Estienne et de Brodeau, parcequ'il est plus près de πασχονλες.

Αυλοις μεν. Αυλοι μεν, Brodeau.

Ακαιροις. Ακεροις, manuscrit B. Αι et ε même prononciation.

§. 16. Θεοσεβεις. Manuscrit B θεοσευεις. Voy. chap. VII, §. 5, à ηβα.

§. 17. Ουδεν. Ουδε, anciennes édi-tions. — Ουδεν dans les deux manu-scrits. — Leonicenus a traduit ουδεν. — Εχοι, manuscrit A. Εχει, manu-scrit B. Οι et ει même prononciation.

19

Αμεινονων. Αμεινον, Junte.

§. 18. Εϱωσι. Ενωσι, Junte.

Οτι δε δια πονων. Οτι δε ει μη δια πονων, ουκ εσʔι τυχειν, ou οʔι δε αλλως η δια πονων : autant de corrections inutiles, comme l'observe très bien Zeune.

§. 19. Καʔεϱʃασασθαι. Καʔεϱʃασεσθαι, Leunclave ; faute d'impression.

Σωμα αυʔης. H et οι se prononçant ι, on explique facilement pourquoi les uns ont lu αυʔης, les autres αυʔοις.

Ηʔʃον αν. Αν ηʔʃον, Junt., Ald., Bril., I, et manuscrit A.

§. 20. Εϱωμενου. Voy. Symp. de Platon, chap. VI. — Αισχϱα. Εισχϱα, manuscrit A.

Εκεινου. Εκεινων, quelques éditions et manuscrit A.

§. 21. Αθαναʔος. Voyez Xénophon, Mem., II ; Hercule de Prodicus.

Ατιμαζει. Ατιμαζεν, Junt., Hall., et Bryll.

§. 22. Ειδοιεν. Ειδειεν d'Estienne tout

aussi bon. Οι et ει même prononciation.

Κατεϱfαζοντο αν. Κατεϱfαζοιντο αν, manuscrit B.

~~~~~~~~~~~~~~~~~~~~~~~~~~~~~~~~~~~~

NOTES DU CHAPITRE XIII.

§. 1. Sur les sophistes voyez ma Dissertation, vol. des Mélanges. — Banquet de Xénophon; ses Mémor., I, 6;
— Isocrate, Éloge d'Hel. — Platon,
sur les sophistes. — Le célebre Meiners, t. III, p. 254 et suiv.

§. 2. Κεναι. Αι et ε se prononçant de
même, on explique encore pourquoi
καιναι dans quelques éditions et dans
les deux manuscrits. — Leonicenus a
lu κεναι, puisqu'il traduit *inutiles*. En
lisant καιναι je traduirois écrits *frivoles*,
qui offrent aux jeunes gens le plaisir
de la nouveauté.
~~~~~~~~~~~~~~~~~~~~~~~~~~~~~~~~~~~~

Διατριβην. Διατριβειν dans les deux manuscrits. Ει et η même prononciation.

Ετερων. Εταιρων, anciennes éditions. Αι et ε même prononciation.

§. 3. Εχουσαι. Εχουσι, Leunclave, édition de Wech.

Παιδευοιντο. Παιδευεινϊο, manuscrit B. Οι et ει même prononciation.

§. 4. Το αγαθον. Junte, Alde, et manuscrit A, τον αγαθον. C'est cette leçon que j'ai suivie dans ma traduction.

§. 5. Ουδε γαρ. Ουδε ζητω, manuscrit A, et en marge γαρ sans le signe γρ.

§. 5. Καλως εχοιεν. Κακος, Junte et manuscrit A.

§. 6. Λανθανει δε με, οτι καλον και εξης γεγραφθαι. Leunclave propose οτι καλως τα δε εξει, μη γεγραφθαι, *Nec me latet quod præstaret hæc a me scripta non esse.* Sans rien changer à ce passage difficile, que Fr. Portus juge altéré, voici l'explication que je propose : *Il est bon de s'occuper des mots, de l'é-*

légance du style ; mais il est bon aussi (και εξης) *de mettre de la liaison dans les idées.* — Καλον *dans les deux manuscrits.* — Γεγραπαι *en marge du manuscrit* A.

Ραδιον γαρ εσαι αυτοις ταχυ μη ορθως, *Erit enim eis facile et citò et non rectè reprehendere,* Leonicenus. — *Nam facile ipsis erit aliquid citò, licet non rectè, reprehendere.* Leunclave, en traduisant ainsi, lit ταχυ τι, μη ορθως. Aucun de ces deux commentateurs ne me semble présenter le véritable sens. Voici la construction que je propose : ραδιον γαρ εσαι (sous-entendu εμοι) μεμψασθαι αυτοις ταχυ (το) μη (sous-entendu γεγραφθαι) ορθως, *Car il me sera plus facile de prouver promptement aux sophistes que leurs écrits manquent de rectitude.* Je fais dépendre αυτοις, non de ραδιον, mais de μεμφομαι. On dit μεμφομαι τινι et τινα. Au paragraphe 6 nous avons μεμφομαι αυτοις. Το γεγραφθαι régi par μεμψασθαι. L'ellipse de τα

ne peut arrêter ; on en a mille exemples. Μεμψασ]αι αυ]οις ταχυ, *de les
accuser promptement, de procéder
promptement dans mon accusation,
de leur objecter, de leur prouver
promptement que, etc.* Ταχυ το, ou
τα, μη ορθως, d'après une note manu-
scrite trouvée par Zeune en marge de
son édition d'Estienne. Brodeau, au
lieu de ταχυ, voudroit ταχα. Voici la
version de Zeune : *Quamquam non
ignoro, verborum elegantiam sper-
nendam negligendamque non esse :
nam facilè, illà neglectà, possunt ipsas sententias reprehendere.*

§. 7. Ινα ορθως εχη, sous-entendu γραμ-
μα]α, *ut scripta mea rectè sese ha-
beant*, pour *sint recta*, pour qu'il y
ait de la rectitude dans mes écrits.

Ανεξελελε[κτα. Ανεξελε[κτα, anciennes
éditions. — Ανεξελ[κτα, manuscrit B.
Le second ε y est effacé.

§. 8. Επι το εξαπα]ᾳν. Τῳ, Estienne ;
correction gratuite. Επι, exprimant la

cause, se construit avec l'accusatif.
Voy. l'Agésilas de Xénophon, II, 25.
Επι το πορίζειν ταυ]α ἑαυ]ον ε]αξε. Z.

Ουδε γαρ σοφος. Ου γαρ σοφος, manuscrit B.

Αρχει. Αρχειν, ancienne édition.

Τοις ευ φρονουσι. Des anciens éditeurs
Junte seul conserve τοις, que j'ai dans
mes deux manuscrits.

§. 9. Παραγ[ελμα]α σοφισ]ων opposé
élégamment à φιλοσοφων ενθυμημα]α.
L'orgueilleux *sophiste ordonne*, παραγ[ελμα]α, le vrai *philosophe* offre *le
fruit de ses méditations*, ενθυμημα]α.

§. 10. Μη ζηλουν δε μηδε τους. Τους
manque dans le manuscrit B. François
Portus croit que Xénophon a ici Platon en vue.

Μητ' ου]ε et ουδε. Μη]ε et μηδε s'emploient indifféremment. (voy. Dorvil.
sur Char.) Ainsi μη]ε doit rester.

Βελ]ιω et χειρω. Voyez chapitre XII,
§. 12.

Μεν επι. Sur la répétition de μεν dans

le même membre de phrase, voyez
Dorville sur Char., p. 561. Z.

Οἱ δε κακοι. Tels que Critias et Alci-
biade. Fr. Portus.

§. 11. Τας τε. A τας τε répond τα τε
du membre suivant.

Τα της πολεως. Τας τ. π. Estienne.

Ανωφελεσʃεροι εισι. Ανωφελεσʃεροι τ᾽ εισι,
manuscrit B.

Κτημαʃα καλως εχονʃα. Littéralement:
*Des possessions, des propriétés en bon
état.* — Κτημαʃα dit bien plus que χρη-
μαʃα, qui ne désigne que des richesses
usuelles.

§. 12. Και οἱ μεν επι τους φιλους. Ces
six mots manquent dans mes deux
manuscrits : j'ai cru devoir adopter
l'ingénieuse restitution de Leunclave.
Φιλους, qui précede, aura probablement occasionné une lacune.

Επιμελειαις. Επιμελιαις. Ει et ι même
prononciation.

Και εν τη αυʃων. Εν manque dans le
manuscrit B.

Κρατηση. Κρατησει, manuscrit A. Ει et η même prononciation.

§. 15. Εχθρους. Εχθους, manuscrit B.

§. 17. Λογοι γαρ παλαιοι κατεχουσιν, *D'anciennes traditions nous assurent.* Cette pensée de Xénophon nous rappelle un usage ancien. Dans les premiers temps les Grecs n'avoient pas d'historiens ; la tradition orale, le témoignage des vieillards y suppléoit. C'est un fait consigné aussi dans ce vers 100 de la sixieme Olymp. de Pindare : Φαντι δ' ανθρωπων παλαιαι ρησιες (voy. l'excellente note du vieux scholiaste de Pindare, ou celle de Benoist, qui a lu le scholiaste). Leonicenus traduit, *Fama enim antiquitus tenet.* Il s'agit ici, non de renommée, mais de traditions. Κατεχουσιν de Xénophon a la même force que le φασι de Pindare. Φασι ne signifie pas simplement *disent (aiunt),* mais *prétendent.* Ce n'est pas un bruit vague, c'est une tradition antique et vénérable qui domine, φασι,

καΊεχουσι.Benoist traduit φασι par *nar-*
rant. Φαμι dit bien plus.

Ευσεβεις τους νεους. Εις τους νεους, anciennes éditions. — Zeune supprime
τις d'après l'autorité d'Estienne, de
Brodeau, et de Leonicenus. A ces au-
torités joignons celle des deux manuscrits; aucun ne porte τις.

Θεων του. Τοῦ avec le circonflexe dans
quelques anciennes éditions. — Του à
supprimer selon Brodeau. Je le conserve d'après mes deux manuscrits.

Των πολιΊων και φιλων. Των φιλων και
πολιΊων, manuscrit B.

§. 18. Η θεος ταυΊα ΑρΊεμις. ΑρΊεμις
étant déesse, construisons ce mot avec
ἡ θεος. Leonicenus ne reconnoît point
cette hyperbate, et traduit : *Quibus*
hæc deus tradidit, ut Diana, Ata-
lanta, etc.

Προκρις. En lisant un scholiaste de
Callimaque, on seroit tenté de croire
que c'est Procné qu'il faut lire : mais
Spanheim, vers 209 et 210, hymne à

Diane, prouve très bien que Procris seule est la femme de Céphale ; Procné étoit la femme de Térée. Xénophon nomme Atalante avec Procris : Callimaque ne les sépare pas plus ; il nomme Atalante au vers 215, et au vers 209 Procris, et non Procné, femme de Céphale.

FIN.

ERRATA.

Préface, p. viij, lig. 16 et 17. Ici j'ai cité Plutarque de mémoire. Il assure seulement que Xénophon composa son Histoire à Scilloute : il est probable cependant que les Cynégétiques furent aussi composés dans la même retraite.

Page 61, ligne 17, de Lacédémone, *lisez* de Laconie.

Des collections annoncées ci-dessus on vend séparément (1) Bion, Moschus, 1 f ; Républiques de Sparte et d'Athenes, pap. vél., 1 f. 25 c.; Hymnes de Callimaque, gr. franç., avec notes critiques, 2 f. 5o c.; Théocrite, gr., franç., lat., avec notes, 1 gros vol. grand in-8°, 9 f.; *idem* in-4°, 2 vol., pap. vél., 10 estampes, 24 f. *idem* in-18, en franç. seulement, 2 vol., pap. vél., 17 estampes, 8 f.; Anacréon in-4°, gr , franç., lat., pap. vél., avec estampes et musique, 18 f.; *idem* pap. ord., 9 f.; *idem* in-18, 4 vol., estampes et musique, 4 f. 5o c., et gr. pap. vél., 6 f , gr. pap. superfin, 8 f.; *idem* en franç. seulement, 1 vol., pap. vél., 3 f., *idem* pap. ord., 1 f.; Amours de Héro et Léandre, gr , franç., lat., in-4°, pap. vél., avec notes et un index de tous les mots grecs de Musée, 4 f.; Traité de la Chasse de Xénophon, avec estampe, 1 vol. in-18, 2 f., *idem* gr. pap. ord., 2 f. 25 c., pap. vél, 3 f.

(1) De ces ouvrages ceux qui ne sont pas indiqués papier vélin sont sur papier ordinaire. (Voyez la notice qui précede la préface.)

9 782329 603414